small animals

small animals

超可愛喲 ♥

手作 **43** 隻森林裡的
羊毛氈動物

知道為什麼鬆軟的羊毛
會在以針戳刺的過程中漸漸成型嗎？

在羊毛上戳啊戳的時候，
專用戳針前端小小的突起，
讓纖維和纖維糾結在一起，
這就稱為羊毛氈化的過程。

溫柔地，戳啊戳。
恣意地，戳啊戳。

不可思議地，
小動物一個接一個，從羊毛中誕生＆成型，
增加了好多溫柔の好夥伴呢！

contents

貓咪玩具店

貓咪の玩具店總是非常地熱鬧。
大家喜歡的商品，店裡都找得到。
軟綿綿的，可愛的玩具有好多好多，
大受好評唷！

設計 ◆ 須佐沙知子
作法　P.40

無尾熊

看起來有點難親近，
但實際上很溫柔的無尾熊，
總是將愛惹麻煩的弟弟們照顧得無微不至。
但是，請你幫忙保守這個祕密，
無尾熊啊，非常的害羞哩！

設計 ◆ きょた
作法 P.44

松 鼠

明明有些在意體重的松鼠，
卻沒有一點要減肥的感覺！
看著松鼠美味的吃著橡木果實時的模樣，
你是不是也感受到了幸福的滋味？

設計 ◆ きょた
作法　P.45

兔子媽媽

媽媽の蛋糕是世界第一！
光看著，似乎也聞到了香甜的氣味，
進入「我回來了！」的情境中！
今天媽媽作的是什麼呢？

設計 ◆ かわさきたかこ
作法 P.70

水玉帽子小鴨

水玉圖案就是我的註冊商標。
將吸睛的尖尖三角帽直挺挺地戴在頭上，
可以說是森林裡最潮的一位！

設計 ◆ 佐藤晴美
作法 P.46

準備享用餅乾の三角帽子小熊

夾上好多奶油的餅乾，是我的最愛喔！
真的一點都不想讓給任何人呢！

設計 ◆ 佐藤晴美
作法　P.47

花店の沙袋鼠老闆

沙袋鼠實現了從小的夢想，
成為了花店老闆，
真誠年輕的笑容相當迷人。
下次一定要來看看哦！

設計 ◆ 須佐沙知子
作法 P.48

小小森林好夥伴 —— 兔寶寶

不管到哪兒，
都看得到雪白の兔寶寶和粉紅色の迷你熊在一起。
就連夜晚都要抱著迷你熊一起入睡呢！

設計 ◆ かわさきたかこ
作法 P.50

貓 熊

一直以來,雖然被稱讚是「黑與白の時尚代表」,
但偶爾也想試著穿看看紅色毛衣……
其實,我最喜歡編織物了!

設計 ◆ haru+mi sugihara
作法 P.51

手 腳 晃 晃 の 好 夥 伴 們

手晃晃，腳晃晃，好悠閒の三人組啊！
雖然偶爾會拌嘴，但馬上就又合好了。

設計 ◆ 池口紗代　　作法　P.52

雪 貂

玩累了之後,在迷迷糊糊的睡夢中,
好像夢到跟魚兒在空中游泳,
背上長出翅膀,飛了起來!

設計 ◆ きょた　　**作法** P.57

森林音樂隊

聽到熱鬧的音樂聲從森林深處傳了出來。
悄悄地偷看了一下……
原來是音樂隊的成員們，正在為下一次的嘉年華會練習。
很期待正式演出呢！

設計 ◆ 須佐沙知子
作法　P.54

白 熊 母 子

坐在媽媽的腿上，真的好舒服哦！
鬆鬆軟軟，又暖暖的……
雖然媽媽告訴我「妳已經要當姐姐囉！」
但是，就再多抱我一下嘛！

設計 ◆ Rice & Baguette
作法 P.58

圓滾滾の吊飾

感情很要好の一家子以白線繫在一塊兒，
不管去哪裡都要在一起！

設計 ◆ Rice & Baguette
作法　P.69

背著蘑菇の刺蝟

刺蝟先生，背上背了什麼東西呢？
「不好意思，這是我最心愛的飾品。
再大的紅寶石也比不上它的珍貴！」

設計 ◆ 池口紗代
作法 P.60

橡木果實與松鼠

松鼠先生，在看什麼呢？
「彩虹的盡頭，不知有著什麼？
總有一天，真想走出這片森林，來一趟冒險之旅啊！」

設計 ◆ 池口紗代
作法 P.61

企 鵝 郵 局

從薩凡納寄封航空郵件給住在草原的大象先生吧！
雖然寄電子郵件也可以，
不過不管是收到的也好，寄出去的也好，
我還是最喜歡手寫的感覺！

設計 ◆ 須佐沙知子
作法 P.62

心形幸運草小豬&
喜歡花兒の河馬

在傾聽戀愛煩惱的過程中，怎麼肚子就餓了起來？
去吃常吃的甜點吧！
一起品嚐點心，享受我們最快樂的時光！

設計 ◆ 佐藤晴美
作法　P.64

不同顏色の垂耳兔吊飾
羊毛氈髮圈——小熊＆兔子

只要作成髮飾或吊飾，
無論何時何地，
我們都能夠陪伴在你の身邊唷！

設計 ◆ ふじたさとみ
作法　P.67至P.68

泰 迪 熊 紅 貴 賓 · 吉 娃 娃 · 拉 不 拉 多 獵 犬 の
吊 飾 娃 娃

請別將我們通稱為「小狗」哦！
我們各自的特色魅力都是獨一無二的！

設計 ◆ ふじたさとみ
作法 P.66

哈利の點心系列
肚子餓の小狗
實習兔

好小，好可愛の小東西啊！
這個也是，那個也是，真是惹人疼愛！

設計 ◆ かわさきたかこ
作法 P.72

熊寶寶系列

才剛出生的熊寶寶……
蓋著柔軟の被子，是否作了什麼好夢呢？

設計 ◆ かわさきたかこ
作法　P.73

掌握基本要領！

指導+設計 ◆ 須佐沙知子

使用「羊毛氈專用戳針組」戳刺&氈化羊毛吧！
準備好在小松鼠身上，學習掌握針氈用具的基本技法了嗎？
為了將纖維伙伴們更緊密的結合在一，接合處留下鬆軟的部分是重點的訣竅。
一邊戳刺鬆軟的部分，一邊接合起來，就完成了沒有交界痕跡的氈化連接。
一定要作一個試試看哦！

身體作法 >>

1　以手將羊毛撕開成小塊，不要使用剪刀剪開喔！

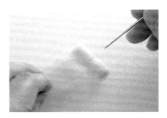

2　在發泡墊上，一邊捲成丸狀，一邊以戳針戳刺。

3　在戳刺的過程中，完成身體的塑型。

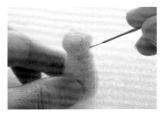

4　以同樣的方法作出頭部，並與身體接在一起。

5　在頭部周圍以撕薄後的羊毛纏繞一圈。

6　以戳針進行戳刺，使接合更加緊密。

7　製作耳朵的形狀，將根部重疊後戳刺。

8　將耳朵、手與身體連接起來後，外形漸漸完成了唷！

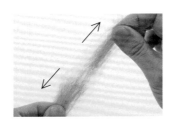

9　取栗子色的羊毛，左右拉扯分成小小塊狀。

10　蓬鬆地覆蓋上後開始戳刺。

11　依不同方向覆蓋上去，繼續戳刺。

12　將全身漸漸地以栗子色羊毛包覆住。不要心急，細心、慢慢地完成吧！

臉部&細節製作 >>

以手指搓揉成小圓球

13 將黑色羊毛以手指搓揉成小圓球。

14 戳刺成鼻子。

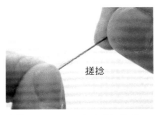
搓捻

15 將黑色羊毛搓捻成細條狀。

16 像畫線般的細心戳刺。

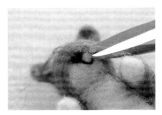

17 以剪刀剪去多餘的羊毛。

18 決定好眼睛的位置,以木錐穿刺出小孔。

19 將插入式眼睛的尖端沾一些白膠後,再塞入孔洞中。

帥氣的松鼠完成了!
取自P.18「森林音樂隊」
作法／P.56

20 尾巴從鬆軟的部分開始戳刺,將尾巴連接在身體&腳的底部。

21 在手&腳的部分,戳刺上搓捻成細線般的黑色羊毛。請小心哦!

22 喇叭沾上一些白膠,黏固於松鼠的雙手間。

作成吊飾吧! >>

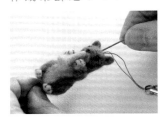

1 使用長而堅固的裁縫針,穿入2股繡線,由下往上穿刺。使線穿過吊飾圈後,再往下回穿至穿入處。

2 針最後穿回原來的位置,與一開始穿入的線打結固定後,剪去多餘的線。

3 覆蓋上栗子色羊毛,將打結處藏起來。

4 吊飾完成,可以一直隨身攜帶了唷!

好東西分享・形狀保持線材

以「形狀保持線材」作為骨架，就可以恣意完成想要的形狀，
在製作羊毛氈動物作品時，也能很簡單的站立起來唷！
首先，將形狀保持線材好好地組合起來是很重要的。
先把大的形狀作出來，再慢慢地將羊毛一點一點補上去。
一起完成想要的形狀吧！

好夥伴 之二
三花貓咪

形狀保持線材的骨架製作方式 >>

扭擰

1 剪下稍長一點的形狀保持線材兩條，將中段處扭擰在一起。

2 尾巴的部分，以鉗子彎摺後安裝上去。

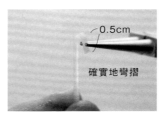

0.5cm

確實地彎摺

3 每個前端都以鉗子作出彎摺。

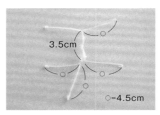

3.5cm

○=4.5cm

4 依照片所示拉展開形狀。

5 將撕開的羊毛自身側處開始纏繞，然後進行戳刺。

6 將羊毛換個方向纏繞後繼續戳刺。

7 不要讓形狀保持線材露出來，尤其是腳的末端部分要特別留意唷！

8 尾巴的部分留下，先不動。

9 以兩隻腳&尾巴作為支撐，站立起來。

10 繼續放上撕開的羊毛，一邊纏繞一邊戳刺，增加厚實度。

11 將另外製作完成的頭部連接於身體上，再將撕開的小塊羊毛纏繞上去，戳啊戳。

12 如果添加上的羊毛看起來不太自然，就繼續戳啊戳的融合它吧！

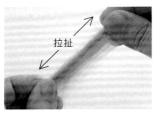

13 將淡褐色＆橘色羊毛混合在
一起，就能作出斑點部位的
亮褐色喔！

14 不斷地將羊毛分別「撕開＆重
疊在一起」，讓顏色均勻混
合。

15 以混合後的亮褐色作成耳
朵，在上面覆蓋上灰白色羊
毛。

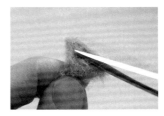

16 以剪刀剪去多餘的羊毛，完
成清楚的輪廓。

17 為了呈現嘴部的隆起，再補
上一些羊毛，戳啊戳！

18 慢慢覆蓋上羊毛仔細戳刺，
直到看不見交界線為止。

19 連接上耳朵，以斑點用的羊
毛覆蓋在周圍，再戳啊戳！
其他的斑點作法亦同。

20 細心地完成鼻子＆嘴巴。

21 剪去多餘的部分。

22 決定好眼睛的位置後，以木
錐穿刺出小孔。

23 在插入式眼睛的尖端沾一些
白膠，再塞入孔洞中。

取自P.5「貓咪玩具店」
作法／P.40

24 最後是尾巴。為了不要露出
形狀保持線材，在尖端的部
分要特別細心地戳！

25 將搓捻成細線的深灰色羊毛
仔細地戳刺於手上。

26 腳也是同樣地戳啊戳！

威風凜凜の站立三花貓，
完成了！

你喜歡哪一個表情呢？

這麼多表情中，有與自己最相像的嗎？
只要改變眼睛的位置或是材質，
就能作出各式各樣的表情！
嗯，選哪一個好呢？

基本款……
手工藝用の
4.5mm
水晶插入式眼睛

4mm實心
插入式眼睛

雙眼距離遠的
眼睛

眼睛位置
靠近上方

以羊毛戳刺
製作的眼睛

3mm實心
插入式眼睛

眼睛位置
靠近下方

這個好方便・羊毛片

羊毛呈現薄片狀的「羊毛片」，短時間內就可以相當簡易地完成氈化過程。
將羊毛片一圈一圈地捲起來，企鵝很快就能製作完成囉！
以兩針專用戳針握把製作起來更得心應手唷！

好夥伴 之三
企鵝郵差先生

以羊毛片製作身體或臉部 >>

1　剪下寬3.5cm的羊毛片來製作身體。

2　一邊戳，一邊捲起來。

3　作成圓柱狀。

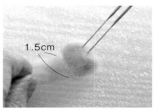

4　剪下寬1.5cm的羊毛片，自邊緣開始捲起來製作頭部。

5　包覆上第二片，改變方向繼續捲。

6　為了變成球狀，請努力戳！

7　從各個方向戳刺，修整成圓球狀。

8　將頭部與身體連接在一起。

9 以薄薄的羊毛片在頭部周圍纏捲一圈。

10 繼續戳刺，戳到平整沒有痕跡。

11 身體周圍再加上一些羊毛片，增加可愛的厚實感。

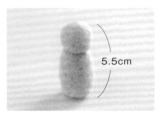

12 還看不出來是企鵝嗎？

活用羊毛片 >>

13 以羊毛片的邊角為中心，覆蓋在頭部。

14 自邊角開始細心地戳刺。

15 以剪刀剪去多餘的部分。

16 不足的部分，再覆蓋上需要的大小。

羊毛片重疊應用 >>

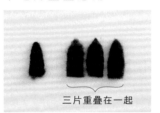

三片重疊在一起

17 剪下三片翅膀的大小。

18 在針氈用發泡墊上將三片羊毛重疊在一起，進行戳刺。

搓揉

19 在手心中搓揉，使它們更結合在一起。

取自P.24「企鵝郵局」
作法／P.63

快完成了！ >>

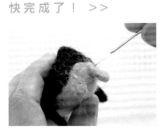

20 將翅膀＆腳部戳刺連結於身體上。

21 企鵝嘴巴周圍再加上更多羊毛，將立體感明確地製作出來。

22 小道具也不馬虎！

安裝上眼睛就完成了！

本書使用の材料

 Solid羊毛條 · · · · · · · · ·

100%美麗諾毛羊・標準色系
共35色

1 白色	35 黃色	5 濃黃色	32 橙色	22 淡粉紅色	36 粉紅色	2 玫瑰色	6 紅紫色
23 紅色	24 胭脂紅	25 淡紫色	38 水藍色	4 藍色	39 藏青色	40 綠色	33 淡綠色
27 黃綠色	29 杏色	30 褐色	31 深褐色	9 黑色			

 Mix系列羊毛條 · · · · · · · ·

同色系混色の美麗諾羊毛條，
呈現微妙色調。共15色

216 原色	211 杏色	201 黃色	202 粉紅色	203 綠色	217 藍色	213 黃綠色	210 灰色
215 深紅色	206 紅褐色	220 栗子色	208 深褐色	209 黑色			

 Natural Blend · · · · · · · ·

維持自然柔和の色調，
適合廣泛應用。
共18色

801 原色	802 杏色	803 淡褐色	804 褐色	805 灰色	806 深灰色

Natural Blend・
ハーブ色系

811 奶油色	812 淡土黃色	813 橄欖綠	814 粉橘色	815 藍色	816 紫灰色

Natural Blend・
シャーベット色系

821 黃色	822 橙色	823 淡紫色	824 薄荷綠	825 藍綠色	826 淡褐色

 Twinkle絲光羊毛 · · · · · · ·
呈現珍珠般の極品光澤。
共9色

421 白色	423 淡粉紅色	424 橙色

 Colored Wool · · · · · · · ·
呈現自然色彩の有機
純羊毛。共9色

711 Organic Wool	712 Shetland	713 White Swaledale	715 Blue Faced Leicester	717 Fine Manx	718 Scandinavian Black	719 Scoured Wool Merino	720 Scoured Wool Black Merino

 Solid羊毛片 · · · · · · · ·
標準型片裝羊毛。
共20色

L101／M301 奶油色	L102／M302 杏色	L103／M303 水藍色	L104／M304 粉紅色	L106／M306 淡綠色	L107／M307 深紅色	L109／M309 黑色	L110／M310 深褐色

Natural Mix羊毛片 · · · · · · · · ·
同色系混色の羊毛片，
呈現微妙色調。
共6色

L201／M401 原色	L202／M402 杏色	L203／M403 駝色	L204／M404 褐色	L205／M405 淡灰色	L206／M406 深灰色

僅提供M尺寸的羊毛片

312 土黃色	313 橄欖綠

材料 & 用具

A *羊毛氈專用戳針
以戳針前端的小小突起勾住纖維，使羊毛氈化的專用戳針。也有極細尺寸的戳針喔！

B *羊毛氈專用戳針握把
換針方式相當簡易。可安裝上單針或雙針，尺寸小巧，便於攜帶使用。

C 木錐
在眼睛位置安裝實心插入式眼睛等材料前，先穿刺出小孔的用具。

D 尺
測量長度，透明的尺較易於使用。

E *針氈用發泡墊
使用羊毛氈戳針組時，墊在羊毛底下的發泡墊。也有替換式的，可墊在受損發泡墊表面繼續使用。

F *手工藝用白膠
乾燥後呈透明狀，適用於手工藝作品的膠著黏貼，無毒且環保。

G *形狀保持線材<L>
作為身體或腳的骨架，能使羊毛夥伴們好好的排排站，以聚乙烯製成。

H *手工藝專用剪刀
手工藝專用的工具，不管是裁剪質地堅硬的形狀保持線材或柔軟的羊毛，使用起來都毫不費力。

I 鉗子
彎曲形狀保持線材時的工具，推薦在細部作業時使用。

J *羊毛工藝專用護指套
防止針戳刺到手指的專用護具，推薦製作玩偶時使用。也有三指用的款式。

K 眼睛材料
*水晶插入式眼睛（左）*實心插入式眼睛（右）
使用時可依作品需求挑選不同顏色或大小。

L 其他
*填充式羊毛
羊毛呈蓬鬆的棉花狀。以戳針輕刺就能簡單地作出形狀，很適合作為作品的基底。

*記號材料&用具，皆為HAMANAKA的原創商品。

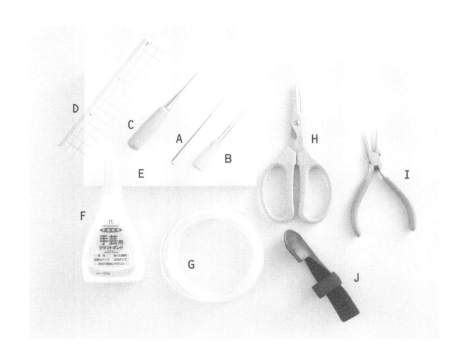

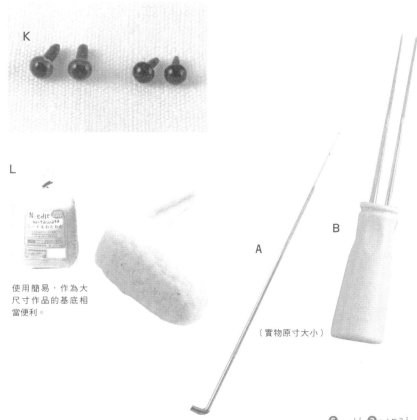

使用簡易，作為大尺寸作品的基底相當便利。

（實物原寸大小）

貓咪玩具店

P.4至P.5

<原寸部件>
沒有標示指定作品的部分，
皆為三花&條紋貓咪通用的材料與部件。
○裡的數字是部件需要製作的數量。
除了特別指定用色的部件之外，
皆取灰白色羊毛製作。

三花貓咪…身長10cm
〔羊毛材料〕
■ HAMANAKA ■
Colored Wool・Shetland灰白色（712）…13g
Natural Blend・淡褐色（803）、深灰色(806)
…各少許
Natural Blend・橙色（822）…少許

條紋貓咪…身長10cm
〔羊毛材料〕
■ HAMANAKA ■
Colored Wool・Shetland 灰白色（712）…13g
Natural Blend・灰色（805）、深灰色（806）
…各少許

〔共同材料〕
■ HAMANAKA ■
・形狀保持線材<L>・18cm…各2條
・8cm…各1條
・直經4.5cm・褐色水晶插入式眼睛…各2個

禮物盒
〔材料〕
・針氈用發泡墊
・英文字樣包裝紙&紅繩…各少許

包裝盒
〔材料〕
・厚紙張&薄紙張…各少許
・寬3mm的青綠色麂皮緞帶…10cm

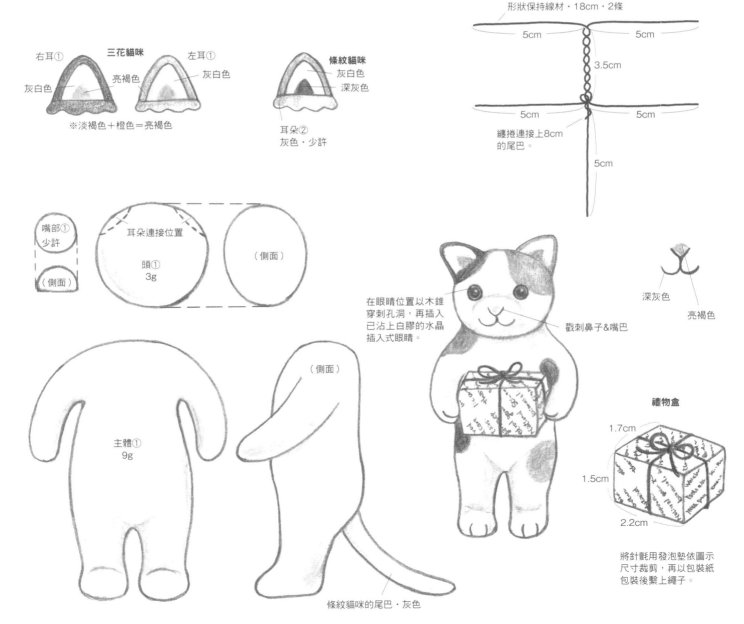

三花貓咪
右耳① 左耳①
灰白色 亮褐色 灰白色
※淡褐色＋橙色＝亮褐色

條紋貓咪
灰白色
深灰色
耳朵②
灰色・少許

嘴部①
少許
（側面）

耳朵連接位置
頭①
3g

（側面）

主體①
9g

（側面）

條紋貓咪的尾巴・灰色

形狀保持線材・18cm・2條
5cm 5cm
3.5cm
5cm 5cm
纏捲連接上8cm
的尾巴。
5cm

在眼睛位置以木錐
穿刺孔洞，再插入
已沾上白膠的水晶
插入式眼睛。

戳刺鼻子&嘴巴

深灰色
亮褐色

禮物盒
1.7cm
1.5cm
2.2cm

將針氈用發泡墊依圖示
尺寸裁剪，再以包裝紙
包裝後繫上繩子。

◎作法…參閱P.34

1. 以形狀保持線材作為骨架，製作主體&手腳。
2. 其它部分請參閱原寸部件。
3. 將頭部連接到主體。
4. 嘴部連接到頭部，將頭部塑型完成。
5. 連接上耳朵，在身體上戳刺花紋。
6. 製作表情。
7. 尾巴捲上羊毛。
8. 完成手腳的前端細部。
9. 讓三花貓咪捧著禮物盒。

條紋貓咪

在眼睛位置
以木錐穿出孔洞，
再插入已沾上白膠的
水晶插入式眼睛。

以深灰色羊毛
戳刺出
鼻子&嘴巴。

先覆蓋上灰色羊
毛戳刺，再以深
灰色羊毛戳刺出
條紋花樣。

戳刺上搓捻成
線的深灰色。

包裝盒

放入剪得細細的紙張。

以厚紙張製成。

1.2cm
3cm
2.5cm

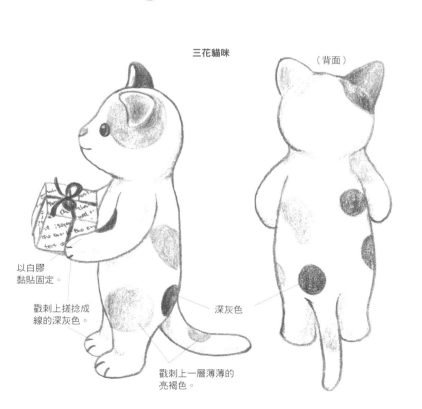

三花貓咪

（背面）

以白膠
黏貼固定。

戳刺上搓捻成
線的深灰色。

深灰色

戳刺上一層薄薄的
亮褐色。

（背面）

貓咪玩具店

P.4至P.5

老鼠⋯身長5cm

〔羊毛材料〕

■ HAMANAKA ■
Colored Wool・Shetland 灰白色（712）⋯3g
Natural Blend・淡褐色（803）、深灰色（806）
⋯各少許
Natural Blend・橙色（822）・少許

〔其他〕
・HAMANAKA・直徑3mm・黑色實心插入式眼睛
⋯2個

兔子⋯身長4cm

〔羊毛材料〕

■ HAMANAKA ■
Natural Blend・粉橘色（814）⋯2g
Solid羊毛條・胭脂紅（24）、深褐色（31）
⋯各少許

◎作法

1. 參照原寸部件圖示，分別製作各個部分。
2. 將身體與頭部連接後，手腳也連接上去（兔子部分為前腳）。
3. 連接上耳朵。
4. 請參照P.4完成作品的區塊配色。將頭部&身體戳刺上淡褐色的毛髮（只有老鼠）。
5. 製作表情。
6. 連接上尾巴。
7. 讓老鼠的手上拿著球，兔子戳刺連接上蝴蝶結。

<原寸部件>

○裡的數字是部件需要製作的數量。

淡褐色・各少許
製作出球形。

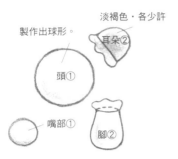

淡褐色・少許

老鼠 除了指定用色的部件之外，皆使用灰白色羊毛。

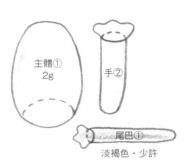

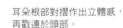

戳刺上深灰色的鼻子&嘴巴。

粉橘色的羊毛氈球

以白膠黏貼固定。

戳刺上搓捻成細線的深灰色羊毛。

耳朵根部對摺作出立體感，再戳連於頭部。

在眼睛位置以木錐穿出孔洞，再插入已沾上白膠的實心插入式眼睛。

一邊覆蓋淡褐色羊毛，一邊戳刺上去。

（背面）

兔子 除了指定用色的部件之外，皆使用粉橘色。

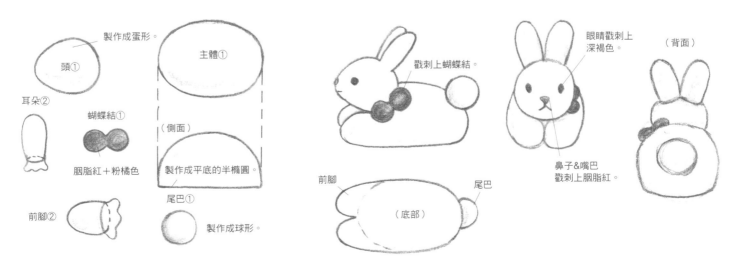

製作成蛋形。

胭脂紅＋粉橘色

製作成平底的半橢圓。

製作成球形。

戳刺上蝴蝶結。

眼睛戳刺上深褐色。

鼻子&嘴巴戳刺上胭脂紅。

（背面）

飛機···長度4.5cm

〔羊毛材料〕

■ HAMANAKA ■

　Natural Blend・薄荷綠（824）···少許

　Solid羊毛條・藏青色（39）···少許

　Colored Wool・Shetland灰白色（712）···少許

火箭···長度3.5cm

〔羊毛材料〕

■ HAMANAKA ■

　Natural Blend・淡褐色（803）

　Colored Wool・Shetland灰白色（712）···少許

　Solid羊毛條・胭脂紅（24）、深褐色（31）

　　　　　　···各少許

球···直徑2.3cm

〔羊毛材料〕

■ HAMANAKA ■

　Colored Wool・Shetland灰白色（712）···少許

　Natural Blend・橙色（822）、薄荷綠（824）

　　　　　　···各少許

　Solid羊毛條・胭脂紅（24）、藏青色（39）

　　　　　　···各少許

＜原寸部件＞

○裡的數字是部件需要製作的數量。

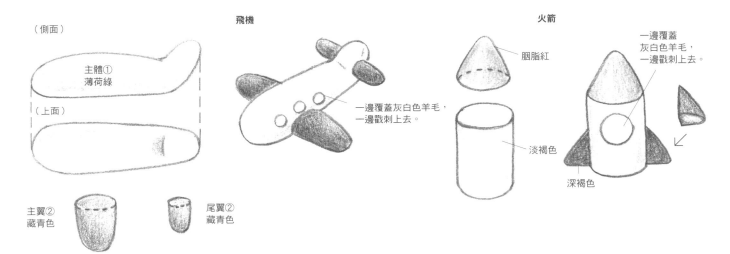

（側面）

主體①
薄荷綠

（上面）

主翼②
藏青色

尾翼②
藏青色

飛機

一邊覆蓋灰白色羊毛，
一邊戳刺上去。

火箭

胭脂紅

淡褐色

深褐色

一邊覆蓋
灰白色羊毛，
一邊戳刺上去。

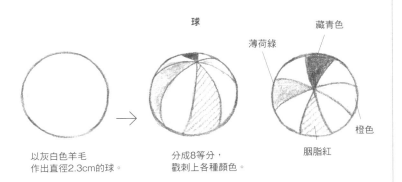

球

藏青色

薄荷綠

橙色

胭脂紅

以灰白色羊毛
作出直徑2.3cm的球。

分成8等分，
戳刺上各種顏色。

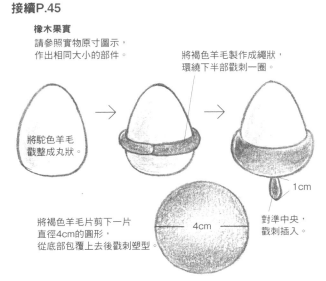

接續P.45

橡木果實

請參照實物原寸圖示，
作出相同大小的部件。

將駝色羊毛
戳整成丸狀。

將褐色羊毛製作成繩狀，
環繞下半部戳刺一圈。

1cm

將褐色羊毛片剪下一片
直徑4cm的圓形，
從底部包覆上去後戳刺塑型。

4cm

對準中央，
戳刺插入。

無尾熊

P.6

無尾熊…身長12cm
〔羊毛材料〕
■ HAMANAKA ■
針氈用填充羊毛…12g
Natural Mix羊毛片・杏色（402）…50cm×10cm
Natural Mix羊毛片・深灰色（406）、褐色（404）
…各少許
Solid羊毛片・淡綠色（306）…少許
Colored Wool・Blue Faced Leicester灰褐色（715）
…8g
Colored Wool・Shetland灰白色（712）…2g
〔其他〕
・HAMANAKA・直徑8mm・黑色塑膠眼睛…2個
・HAMANAKA・形狀保持線材<L>16CM
・縫線&25號繡線・黑色…各少許

◎作法
1. 分別製作頭部和主體的基底，再戳刺連結在一起。
2. 以杏色羊毛片將基底包覆住般戳刺，調整形狀。
3. 除了腹部和嘴部，全部皆以灰褐色羊毛覆蓋後戳刺上去。
4. 製作表情，接上耳朵。
5. 將手腳連接於主體。
6. 讓手拿著樹枝。

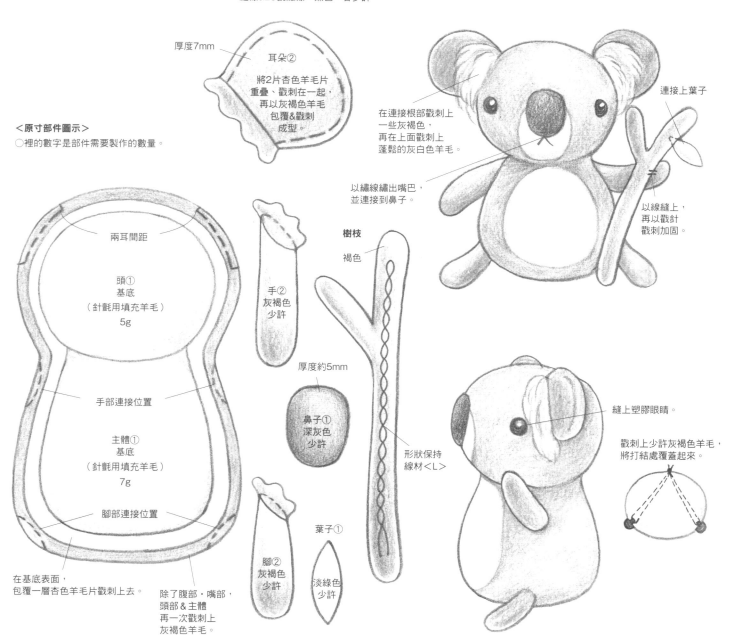

<原寸部件圖示>
○裡的數字是部件需要製作的數量。

厚度7mm

耳朵②
將2片杏色羊毛片重疊、戳刺在一起，再以灰褐色羊毛包覆&戳刺成型。

在連接根部戳刺上一些灰褐色，再在上面戳刺上蓬鬆的灰白色羊毛。

連接上葉子

以繡線繡出嘴巴，並連接到鼻子。

以線縫上，再以戳針戳刺加固。

兩耳間距

頭①
基底
（針氈用填充羊毛）
5g

手部連接位置

主體①
基底
（針氈用填充羊毛）
7g

腳部連接位置

手②
灰褐色
少許

厚度約5mm

鼻子①
深灰色
少許

樹枝
褐色

形狀保持線材<L>

葉子①

腳②
灰褐色
少許

淡綠色
少許

縫上塑膠眼睛。

戳刺上少許灰褐色羊毛，將打結處覆蓋起來。

在基底表面，包覆一層杏色羊毛片戳刺上去。

除了腹部・嘴部，頭部&主體再一次戳刺上灰褐色羊毛。

松鼠

P.7

松鼠…身長11.5cm

〔羊毛材料〕

■ HAMANAKA ■
針氈用填充羊毛…12g
Natural Mix羊毛片・褐色（404）…50cm×25cm
Natural Mix羊毛片・原色（401）…50cm×10cm
Natural Mix羊毛片・駝色（403）…少許
Natural Blend・褐色（804）…2g

〔其他〕
・HAMANAKA・直徑6mm・黑色塑膠眼睛…2個
・縫線＆25號繡線・黑色…各少許

◎作法

1. 以針氈用填充羊毛作出頭部與主體一體成型的基底。
2. 以原色羊毛片包覆基底，戳刺＆修整形狀。
3. 除了腹部和嘴部周圍，整體皆以褐色羊毛覆蓋戳刺。
4. 製作頭部（眼睛・鼻子・嘴巴）。
5. 連接上耳朵。
6. 連接上手和腳。
7. 連接上尾巴。
8. 將作好的橡木果實固定在松鼠手上。

橡木果實的作法請參照P.43

＜原寸部件＞

○裡的數字是部件需要製作的數量。
除了指定用色的部件之外，
皆使用羊毛片。

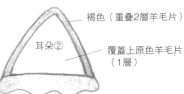

耳朵②
褐色（重疊2層羊毛片）
覆蓋上原色羊毛片。
（1層）

鼻子①
駝色・少許

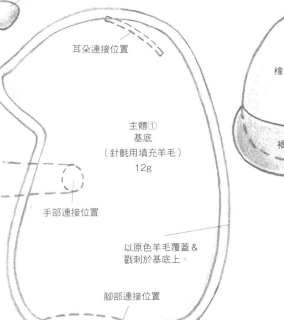

耳朵連接位置

主體①
基底
（針氈用填充羊毛）
12g

手部連接位置

以原色羊毛覆蓋＆
戳刺於基底上。

腳部連接位置

橡木果實①
駝色
少許

褐色・少許

薄薄地覆蓋上原色羊毛。

眼睛的位置以專用木錐
刺出孔洞後，
縫上塑膠眼睛。

以戳針戳刺出兩瓣嘴巴的肉感。

以繡線繡出嘴巴。

以戳針戳刺連接起來。

手②
褐色
少許

覆蓋＆戳刺上原色羊毛。

腳②
褐色・少許

作出7mm的厚度。

將尾巴的尖端與頭部戳刺連接在一起。

以剪刀修整形狀。

將尾巴的根部與身體底部戳刺連接在一起。

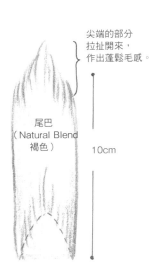

尖端的部分拉扯開來，作出蓬鬆毛感。

尾巴
（Natural Blend
褐色）

10cm

水玉帽子小鴨

P.10

鴨子…身長12cm

〔羊毛材料〕

■ HAMANAKA ■

Natural Blend・黃色（821）…17g

Natural Blend・薄荷綠（824）、原色（801）

…各少許

Solid羊毛條・濃黃色（5）…少許

〔其他〕

・HAMANAKA・直徑4.5mm・褐色水晶插入式眼睛

…2個

・直徑6mm・白色鈕釦…1個

・原色不織布…少許

◎作法

1. 請參照實物原寸圖示，作出相同大小的各個部件。

2. 將頭部&尾羽連接在主體上，戳整形狀。

3. 先讓頭部戴上帽子部件，再依圖示將帽子整體戳整完成。

4. 製作表情。

5. 連接上腳部。

6. 將翅膀以縫線縫上。

7. 繫上蝴蝶結，縫上鈕釦。

<原寸部件圖示>

○裡的數字是部件需要製作的數量。

作出一顆球形。

頭①
黃色
7g

嘴部連接的位置

圓錐狀
帽子部件①
薄荷綠・2g

底部作成橢圓形。

裝飾毛球

原色
①

製作成繩子狀。

15cm

蝴蝶結①
薄荷綠・少許

一點一點地
覆蓋＆戳刺上
薄荷綠羊毛。

縫上鈕釦。

在眼睛位置
以木錐穿出孔洞，
再插入已沾上白膠的
水晶插入式眼睛。

以白膠黏貼
不織布。

以白膠將裝飾毛球
黏接在帽子尖端

一點一點，
覆蓋＆戳刺上原色羊毛。

蝴蝶結

縫上。

主體①
黃色
7g

腳部連接位置

嘴部①
深黃色
少許

（側面）

尾羽①
黃色・少許

眼白

腳②
深黃色
少許

原色不織布

翅膀②
黃色
少許

厚度5mm

（背面）

46

準備享用餅乾の
三角帽子小熊

P.11

餅乾熊⋯身長13cm

〔羊毛材料〕

■ HAMANAKA ■
Natural Blend・褐色（804）⋯20g
Natural Blend・杏色（802）⋯少許
Natural Blend・薄荷綠（824）⋯少許
Mix羊毛條・深褐色（208）⋯少許
Solid羊毛條・淡綠色（33）、白色（1）⋯各少許

〔其他〕
・HAMANAKA・直徑4.5mm・褐色水晶插入式眼睛
⋯2個
・5號繡線・原色、深褐色⋯各少許

◎**作法**

1. 參照實物原寸圖示，作出相同大小的各個部件。
2. 將頭部連接於主體，一面補上羊毛一面調整形狀。
3. 戳刺連接手&腳&尾巴。
4. 連接上耳朵。
5. 連接上嘴部，製作表情。
6. 頭部戴上帽子，脖子捲上圍巾。
7. 讓小熊兩手抱著作好的餅乾。

<**原寸部件圖示**>

○裡的數字是部件需要製作的數量。
除了指定用色的部件之外，
皆使用褐色羊毛。

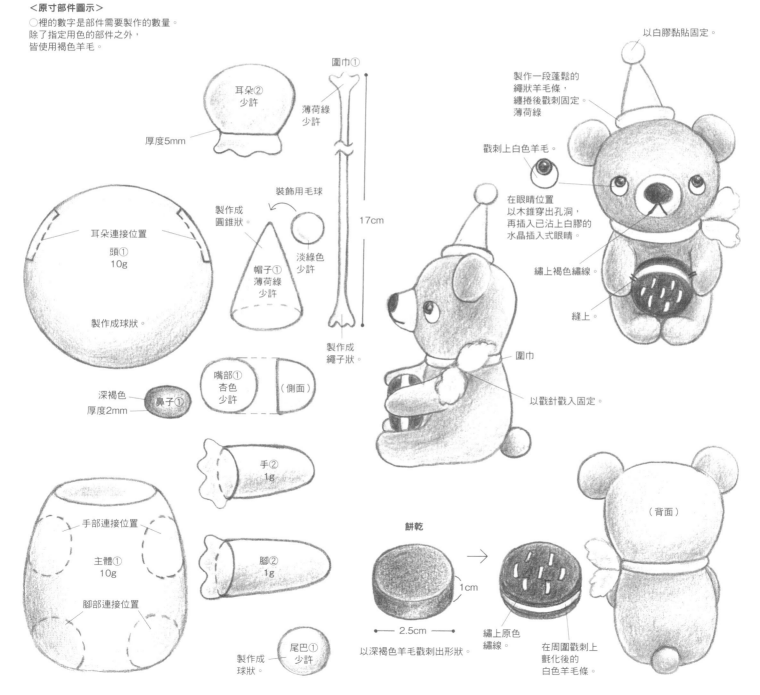

以白膠黏貼固定。

製作一段蓬鬆的
繩狀羊毛條，
纏捲後戳刺固定。
薄荷綠

戳刺上白色羊毛。

在眼睛位置
以木錐穿出孔洞，
再插入已沾上白膠的
水晶插入式眼睛

繡上褐色繡線。

縫上。

圍巾①
薄荷綠
少許

耳朵②
少許

厚度5mm

17cm

裝飾用毛球

製作成
圓錐狀。

淡綠色
少許

帽子①
薄荷綠
少許

製作成
繩子狀。

耳朵連接位置
頭①
10g

製作成球狀。

深褐色
鼻子①
厚度2mm

嘴部①
杏色
少許

（側面）

手②
1g

圍巾

以戳針戳入固定。

手部連接位置

主體①
10g

腳部連接位置

腳②
1g

尾巴①
少許

製作成
球狀。

（背面）

餅乾

2.5cm

1cm

以深褐色羊毛戳刺出形狀。

繡上原色
繡線。

在周圍戳刺上
氈化後的
白色羊毛條。

花店の沙袋鼠老闆

P.12至P.13

沙袋鼠…身長12cm

〔羊毛材料〕

■ HAMANAKA ■

Natural Blend・杏色（802）…14g

Natural Blend・淡褐色（803）…少許

Solid羊毛條・黑色（9）…少許

〔其他〕

・HAMANAKA・直徑3mm・黑色實心插入式眼睛

…2個

・HAMANAKA・形狀保持線材<L> 29CM

・寬3mm的扁皮繩・紫色…25cm

・薄紙張・橙色繩子・木棉布…各少許

◎作法

1. 以形狀保持線材作為骨架，製作主體和手腳。
2. 參照實物原寸圖示，作出相同大小的頭部、耳朵和尾巴部件。
3. 將頭部連接到主體上。
4. 連接上耳朵。
5. 頭部與主體淡褐色的部分，慢慢地以淡褐色羊毛覆蓋＆戳刺上去。
6. 製作表情（眼睛・鼻子・嘴巴）。
7. 連接上尾巴。
8. 完成手&腳的前端。
9. 將作好的圍裙，繫在主體上。
10. 包好美麗的花束，拿在手上。

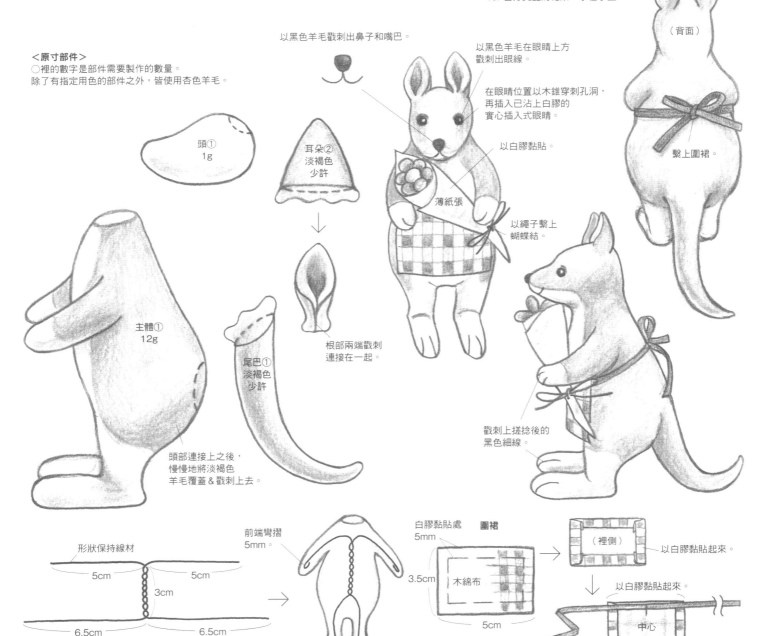

<原寸部件>

○裡的數字是部件需要製作的數量。

除了有指定用色的部件之外，皆使用杏色羊毛。

以黑色羊毛戳刺出鼻子和嘴巴。

頭①
1g

耳朵②
淡褐色
少許

↓

根部兩端戳刺
連接在一起。

以黑色羊毛在眼睛上方
戳刺出眼線。

在眼睛位置以木錐穿刺孔洞，
再插入已沾上白膠的
實心插入式眼睛。

以白膠黏貼。

薄紙張

以繩子繫上
蝴蝶結。

（背面）

繫上圍裙。

主體①
12g

尾巴①
淡褐色
少許

頭部連接上之後，
慢慢地將淡褐色
羊毛覆蓋＆戳刺上去。

戳刺上搓捻後的
黑色細線。

形狀保持線材

5cm　5cm

3cm

6.5cm　6.5cm

前端彎摺
5mm。

白膠黏貼處
5mm

圍裙

3.5cm　木綿布

5cm

（裡側）

以白膠黏貼起來。

↓

以白膠黏貼起來。

中心

扁皮繩

鴨嘴獸…身長6.5cm
〔羊毛材料〕
■ HAMANAKA ■
　Natural Blend・褐色（804）…10g
　Solid羊毛條・深褐色（31）…少許
〔其他〕
・HAMANAKA・直徑3mm・黑色實心插入式眼睛
　　　　　　　　　　　…2個

提袋
〔羊毛材料〕
■ HAMANAKA ■
　Natural Blend・黃色（821）、橙色（822）
　　　　　　　　　…各少許
　Solid羊毛條・淡紫色（25）…少許

〔其他〕
・寬3mm的扁皮繩・褐色…4cm

花（鬱金香・雛菊・琉璃雛菊）
〔羊毛材料〕
■ HAMANAKA ■
　Natural Blend・粉橘色（814）、黃色（821）
　　　　　　　　橙色（822）…各少許
　Mix羊毛條・粉紅色（202）、綠色（203）
　　　　　　　黃綠色（213）…各少許
　Solid羊毛條・白色（1）、淡紫色（25）…各少許
〔其他〕
・HAMANAKA・形狀保持線材<L>適量

◎作法
1. 請參照實物原寸圖示，作出相同大小的部件。
2. 將主體與手腳部分連接起來。
3. 連接上嘴部。
4. 連接上眼睛。
5. 完成手腳部分的前端。
6. 連接上尾巴。
7. 製作好提袋後，用手拿著。

（底部）

腳　　白膠

在眼睛位置
以木錐穿出孔洞，
再插入已沾上
白膠的實心
插入式眼睛。

<原寸部件>
○裡的數字是部件需要製作的數量。
除了有指定用色的部件之外，
皆使用褐色。

鴨嘴獸

嘴部①
深褐色
少許

（側面）

厚度5mm

厚度5mm

手②
少許

腳②
深褐色
少許

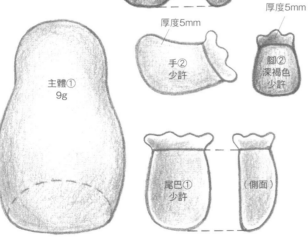

主體①
9g

尾巴①
少許

（側面）

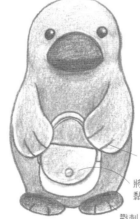

深褐色

將提袋以白膠
黏接在兩手間。

戳刺上搓捻後的
褐色細線。

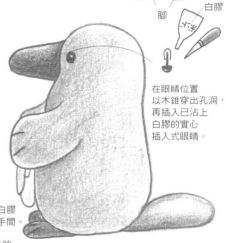

提袋

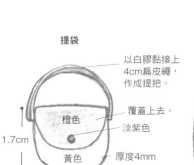

以白膠黏接上
4cm扁皮繩，
作成提把。

覆蓋上去。

橙色

淡紫色

黃色

厚度4mm

1.7cm

2cm

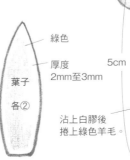

綠色

厚度
2mm至3mm

葉子
各②

沾上白膠後
捲上綠色羊毛。

鬱金香
※製作黃色系花朵時，
　請選用【　】標記的配色。

纏捲上
粉橘色
【黃色】。

覆蓋上薄薄的
一層粉紅色
【橙色】。

5cm

將葉子根部
夾住莖，連
接在一起。

戳刺固定。

雛菊・琉璃雛菊
※製作琉璃雛菊時，
　請選用【　】標記的配色。

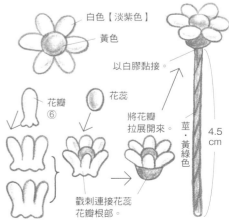

白色【淡紫色】

黃色

以白膠黏接。

花瓣
⑥

花蕊

將花瓣
拉展開來。

莖・黃綠色

4.5
cm

戳刺連接花蕊
花瓣根部。

小小森林好夥伴——
兔寶寶

P.14

兔子…身長30.5cm

〔羊毛材料〕

■ HAMANAKA ■
　針氈用填充羊毛…25g
　Colored Wool・Shetland灰白色（712）…31g
　Colored Wool・Scandinavian Black黑褐色（718）
　　　　　　　　　　　…少許
　Natural Blend・粉橘色（814）…少許

〔其他〕
・寬15mm的蕾絲・原色…27cm
・中細毛線・粉紅色…54cm

◎作法
1. 以針氈用填充羊毛製作頭部・主體・耳朵・手・腳的基底。
2. 基底上覆蓋灰白色羊毛後，以戳針戳刺。
3. 製作其他部件。
4. 連接主體與頭部・手・腳，同時戳整形狀。
5. 連接嘴部，製作表情。
6. 連接耳朵和尾巴。
7. 將蕾絲繫在脖子上。

迷你熊請參閱P.56

<縮小尺寸1/2的部件>　※請放大2倍後使用
○裡的數字是部件需要製作的數量。
除了指定用色的部件之外，皆使用灰白色。
內側線的區塊是基底（使用針氈用填充羊毛製成）。

厚度1.2mm至1.5cm

耳朵連接的位置

頭①　15g

作成稍微壓平的球狀。　10g

耳朵②
各少許
各3g

戳刺上薄薄的粉橘色羊毛。

以黑色羊毛戳刺成型。

戳刺上薄薄的粉橘色羊毛。

鼻子①
黑色・少許

嘴部①
少許

（側面）

眼睛②
厚度3mm
黑色・少許

尾巴①
少許
製作成球形。

主體①
6g
10g

手②　少許

腳②　少許

尾巴

在蕾絲的孔洞間穿入毛線。

繫上蕾絲。

以戳針由內側開始戳刺，作出微微內彎的姿態。

貓熊

P.15

貓熊…身長9.5cm

〔羊毛材料〕

■ HAMANAKA ■

針氈用填充羊毛…15g
Colored Wool・ Shetland灰白色（712）…6g
Natural Blend・深灰色（806）…5g
Solid羊毛條・玫瑰色（2）…少許

〔其他〕

・直徑4mm圓形串珠・藍色…2個
・25號繡線・深褐色、白色…各少許

◎作法

1. 請參照實物原寸圖示，以針氈用填充羊毛作出相同大小的頭部和主體的基底。
2. 在基底上覆蓋灰白色羊毛後，一邊戳刺一邊修整形狀。
3. 製作其他部件。
4. 主體連接上手部，背部戳刺上深灰色羊毛。
5. 腳部連接到主體。
6. 尾巴連接到主體。
7. 完成手腳的前端。
8. 在脖子上繫上蝴蝶結。

<原寸部件>

○裡的數字是部件需要製作的數量。
除了指定用色的部件之外，皆使用深灰色。

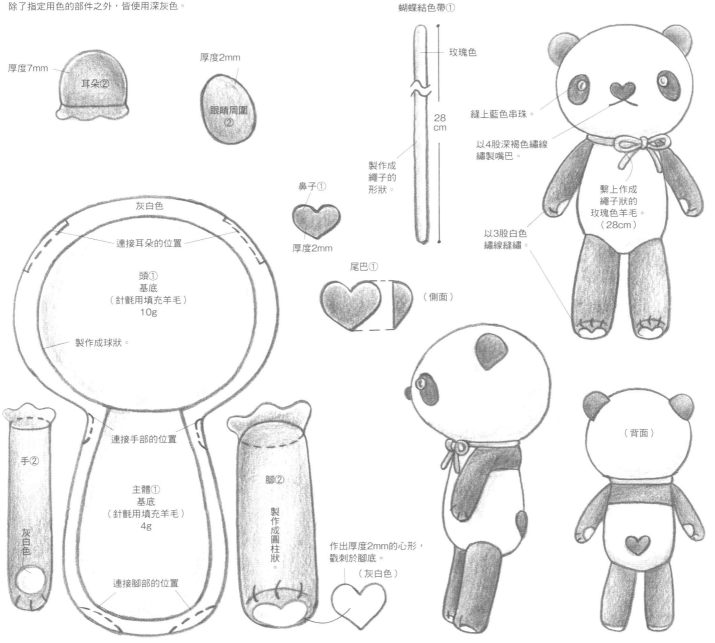

蝴蝶結色帶①

玫瑰色

28 cm

製作成繩子的形狀。

厚度7mm　耳朵②

厚度2mm　眼睛周圍②

鼻子①　厚度2mm

尾巴①　（側面）

灰白色

連接耳朵的位置

頭①
基底
（針氈用填充羊毛）
10g

製作成球狀。

連接手部的位置

手②　灰白色

主體①
基底
（針氈用填充羊毛）
4g

連接腳部的位置

腳②　製作成圓柱狀。

作出厚度2mm的心形，戳刺於腳底。（灰白色）

縫上藍色串珠。

以4股深褐色繡線繡製嘴巴。

繫上作成繩子狀的玫瑰色羊毛。（28cm）

以3股白色繡線縫繡。

（背面）

手腳晃晃の
好夥伴們

P.16

熊…身長 10.5cm

〔羊毛材料〕

■ HAMANAKA ■
　Solid羊毛條・橙色（32）…4g
　Solid羊毛條・深褐色（31）…少許
　Colored Wool・Blue Faced Leicester灰褐色
　　　　　　（715）…3g
　Natural Blend・原色（801）…少許

〔其他〕
　・HAMANAKA・直徑3mm・黑色實心插入式眼睛
　　　　　　…2個
　・HAMANAKA・手工藝編織毛線・Sonomono
　　　　　　＜中粗＞・灰褐色（2）…少許
　・不織布・奶油色…少許
　・25號繡線・深褐色…少許

貓…身長 10.5cm

〔羊毛材料〕

■ HAMANAKA ■
　Natural Blend・黃色（821）…4g
　Natural Blend・原色（801）…2g
　Natural Blend・粉橘色（814）、淡褐色（803）
　　　　　　…各少許

〔其他〕
　・寬10mm的蕾絲・原色…10cm
　・HAMANAKA・手工藝編織毛線・Sonomono
　　　　　　＜中粗＞・原色（1）…少許
　・HAMANAKA・直徑3mm・黑色實心插入式眼睛
　　　　　　…2個

＜原寸部件＞
〇裡的數字是部件需要製作的數量。

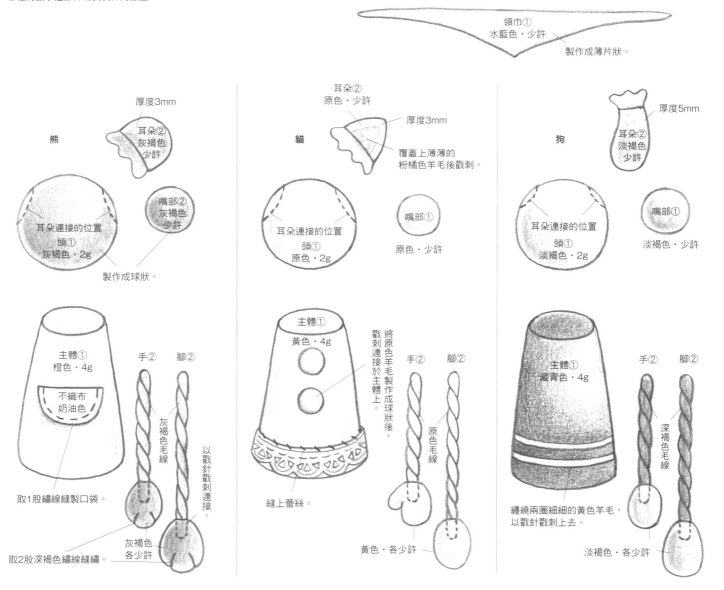

領巾①
水藍色・少許

製作成薄片狀。

厚度3mm

熊

耳朵②
灰褐色
少許

耳朵連接的位置
頭①
灰褐色・2g

製作成球狀。

嘴部②
灰褐色
少許

耳朵②
原色・少許

厚度3mm

貓

覆蓋上薄薄的
粉橘色羊毛後戳刺。

耳朵連接的位置
頭①
原色・2g

嘴部①
原色・少許

耳朵②
淡褐色
少許

厚度5mm

狗

耳朵連接的位置
頭①
淡褐色・2g

嘴部①
淡褐色・少許

主體①
橙色・4g

不織布
奶油色

手②

腳②

灰褐色毛線

以戳針戳刺連接。

取1股繡線縫製口袋。

灰褐色
各少許

取2股深褐色繡線縫繡。

主體①
黃色・4g

將原色羊毛製作成球狀後，戳刺連接於主體上。

手②

腳②

原色毛線

縫上蕾絲。

黃色・各少許

主體①
藏青色・4g

手②

腳②

深褐色毛線

纏繞兩圈細細的黃色羊毛，以戳針戳刺上去。

淡褐色・各少許

狗…身長10.5cm

〔羊毛材料〕

■ HAMANAKA ■
Solid羊毛條・藏青色（39）…4g
Solid羊毛條・水藍色（38）、深褐色（31）…各少許
Natural Blend・淡褐色（803）…2g
Natural Blend・黃色（821）…少許

〔其他〕
・HAMANAKA・直徑3mm・黑色實心插入式眼睛…2個
・HAMANAKA・手工藝編織毛線・Sonomono＜中粗＞
　　深褐色（3）…少許

◎作法
1. 請參照實物原寸圖示，作出相同大小的各個部件。
2. 將頭部與嘴部連接起來，戳整形狀。
3. 連接上耳朵。
4. 製作表情（眼睛・鼻子・嘴巴）。
5. 將頭部連接於主體上。
6. 將手腳戳刺連接於主體上。
7. 在狗的脖子上繫上領巾。

頭部
（側面）

嘴部

熊

補上羊毛。

以戳針戳刺固定。

以深褐色羊毛
戳刺出
鼻子和嘴巴。

在眼睛位置
以木錐穿出孔洞，
再插入已沾上白膠的
實心插入式眼睛。

戳刺上原色羊毛。

以深褐色羊毛戳刺出
鼻子和嘴巴。

狗

（背面）
戳刺上
水藍色的
羊毛球。

在眼睛位置
以木錐穿出孔洞，
再插入已沾上
白膠的實心
插入式眼睛。

將領巾
戳刺固定。

貓

以粉橘色羊毛戳刺出鼻子，
淡褐色羊毛戳刺出嘴巴。

背面

（底部）

以戳針確實地
戳刺固定。

腳

（背面）

森林音樂隊 · 熊

P.18

熊…身長9.5cm

〔羊毛材料〕

■ HAMANAKA ■
Natural Blend · 褐色（804）…17g
Natural Blend · 淡褐色（803）…少許
Mix羊毛條 · 深褐色（208）…少許

〔其他〕
· HAMANAKA · 直徑4mm · 黑色實心插入式眼睛…2個

太鼓…直徑3cm×高度3cm

〔羊毛材料〕

■ HAMANAKA ■
Natural Blend · 原色（801）…3g
Natural Blend · 薄荷綠（824）、青綠色（825）
…各少許

Mix羊毛條 · 栗子色（220）…少許
Solid羊毛條 · 綠色（40）…少許

〔其他〕
· HAMANAKA 形狀保持線材<L> 5cm

◎作法

1. 請參照實物原寸圖示，作出相同大小的各個部件。
2. 將頭部連接於主體上。
3. 將手腳戳刺連接於主體上。
4. 在手掌和腳掌的部分覆蓋上配色羊毛，戳刺上去。
5. 將嘴部戳刺連接於臉部，並製作表情。
6. 連接上耳朵。
7. 完成手&腳的前端。

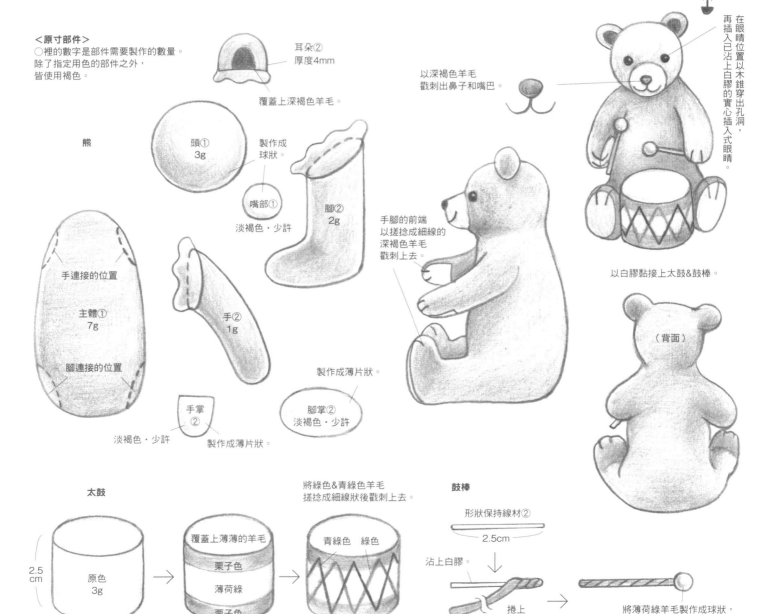

<原寸部件>
○裡的數字是部件需要製作的數量。
除了指定用色的部件之外，
皆使用褐色。

熊

耳朵②
厚度4mm
覆蓋上深褐色羊毛。

頭①
3g
製作成球狀。

嘴部①
淡褐色 · 少許

腳②
2g

以深褐色羊毛戳刺出鼻子和嘴巴。

手連接的位置

主體①
7g

腳連接的位置

手②
1g

手腳的前端以搓捻成細線的深褐色羊毛戳刺上去。

製作成薄片狀。

手掌②
淡褐色 · 少許
製作成薄片狀。

腳掌②
淡褐色 · 少許

在眼睛位置以木錐穿出孔洞，再插入已沾上白膠的實心插入式眼睛。

以白膠黏接上太鼓&鼓棒。

（背面）

太鼓

2.5 cm

原色
3g

3cm

覆蓋上薄薄的羊毛

栗子色
薄荷綠
栗子色

將綠色&青綠色羊毛搓捻成細線狀後戳刺上去。

青綠色　綠色

鼓棒

形狀保持線材②

2.5cm

沾上白膠。

捲上栗子色羊毛。

將薄荷綠羊毛製作成球狀，以白膠黏接固定。

森林音樂隊・兔子

P.19

兔子…身長7cm

〔羊毛材料〕
■ HAMANAKA ■
Colored Wool・Shetland灰白色（712）…6g
Mix羊毛條・栗子色（220）…少許
Natural Blend・淡褐色（803）…少許
Solid羊毛條・胭脂紅（24）…少許

〔其他〕
・HAMANAKA・直徑3mm・黑色實心插入式眼睛…2個
・HAMANAKA・形狀保持線材<L> 18cm

◎作法
1. 以形狀保持線材作為骨架，製作主體和手腳。
2. 請參照實物原寸圖示，作出相同大小的頭部、耳朵和尾巴部件。
3. 將頭部連接於主體上。
4. 連接上耳朵。
5. 製作表情。
6. 連接上尾巴。
7. 完成手腳的前端。
8. 沙鈴製作完成後，讓兔子拿在手上。

<原寸部件>
○裡的數字是部件需要製作的數量。
羊毛全部皆使用灰白色。

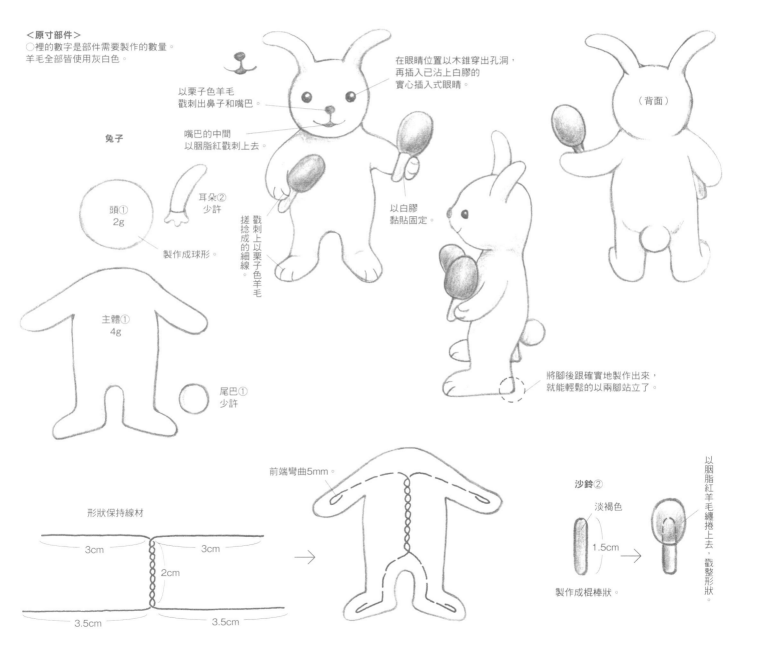

兔子

頭①
2g
製作成球形。

耳朵②
少許

主體①
4g

尾巴①
少許

以栗子色羊毛
戳刺出鼻子和嘴巴。

嘴巴的中間
以胭脂紅戳刺上去。

搓捻成的細線。
戳刺上以栗子色羊毛

在眼睛位置以木錐穿出孔洞，
再插入已沾上白膠的
實心插入式眼睛。

以白膠
黏貼固定。

（背面）

將腳後跟確實地製作出來，
就能輕鬆的以兩腳站立了。

形狀保持線材
3cm 3cm
2cm
3.5cm 3.5cm

前端彎曲5mm。

沙鈴②
淡褐色
1.5cm
製作成棍棒狀。

以胭脂紅羊毛纏捲上去，戳整形狀。

森林音樂隊・松鼠

P.18

松鼠…身長5cm

〔羊毛材料〕…一隻の用量

■ HAMANAKA ■
Natural Blend・原色（801）…3g
Mix羊毛條・栗子色（220）
　　　　深褐色（208）…各少許
Natural Blend・黃色（821）…少許

〔其他〕
・HAMANAKA・直徑3mm・黑色實心插入式眼睛
　…2個

◎作法
1. 請參照實物原寸圖示，
　作出相同大小的各個部件。
2. 將頭部連接到主體上。
3. 連接上耳朵。
4. 連接上手部。
5. 頭部與主體戳刺上栗子色羊毛。
6. 製作表情。
7. 連接上尾巴和腳部。
8. 完成手腳的前端。
9. 讓松鼠手上拿著喇叭。

迷你熊…身長4.8cm
〔羊毛材料〕
■ HAMANAKA ■
Natural Blend・粉橘色（814）…少許
Colored Wool ・Shetland灰白色（712）…少許
Colored Wool ・Fine Manx褐色（717）…少許

〔其他〕
・HAMANAKA・直徑3mm・黑色實心插入式眼睛
　…2個

<原寸部件>
○裡的數字是部件需要製作的數量。
除了指定用色的部件之外，皆使用原色羊毛。

耳朵連接的位置
頭①
少許
（側面）

手連接的位置
主體①
2g
腳連接的位置

松鼠

耳朵②
厚度2mm
栗子色
少許

自根部處對摺。

覆蓋上栗子色
羊毛後戳刺。

在眼睛位置
以木錐穿出孔洞，
再插入已沾上白膠的
實心插入式眼睛。

以深褐色羊毛
戳刺出鼻子&嘴巴。

以白膠將喇叭黏接固定。

將深褐色的羊毛搓捻成細線狀，
戳刺在手腳前端。

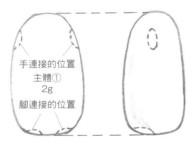

手② 少許

腳② 少許

喇叭

黃色・少許

尾巴①
栗子色
少許

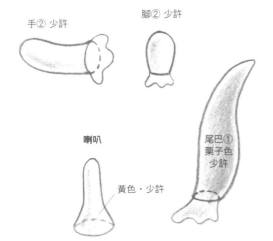

接續P.50

<原寸部件>
○裡的數字是部件需要製作的數量。
除了指定用色的部件之外，皆使用少許粉橘色羊毛。

迷你熊

耳朵②
厚度3mm

嘴部①

灰白色
少許

頭①

鼻・褐色・少許

主體①

腳② 手②

尾巴①

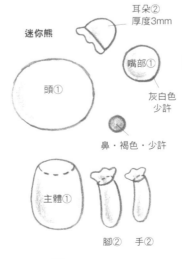

插入已沾上白膠的
實心插入式眼睛。

尾巴

將主體與頭部連接在一起，
並將所有部件與主體連接在一起。

雪貂

P.17

雪貂…身長10.5cm

〔羊毛材料〕

■ HAMANAKA ■
針氈用填充羊毛…6g
Natural Mix羊毛片・原色（401）、褐色（404）
…各5cm×30cm
Natural Mix羊毛片・深灰色（406）…少許
Solid羊毛條・粉紅色（36）…少許

〔其他〕
・HAMANAKA・直徑3mm・黑色串珠型眼睛…2個
・縫線・紅色、黑色…各少許
・附問號勾的吊飾繩1條

◎作法

1. 以針氈用填充羊毛製作頭部與主體一體成型的基底。
2. 在基底上覆蓋原色羊毛片後，一邊戳刺一邊修整形狀。
3. 主體戳刺上褐色的部分。
4. 連接上耳朵。
5. 戳刺上臉部的褐色部分，並製作表情（眼睛・鼻子・嘴巴）。
6. 連接上手腳。
7. 連接上尾巴。
8. 肚臍的部分繡上黑線。
9. 頭部上方縫上紅色線圈，掛上吊飾繩。

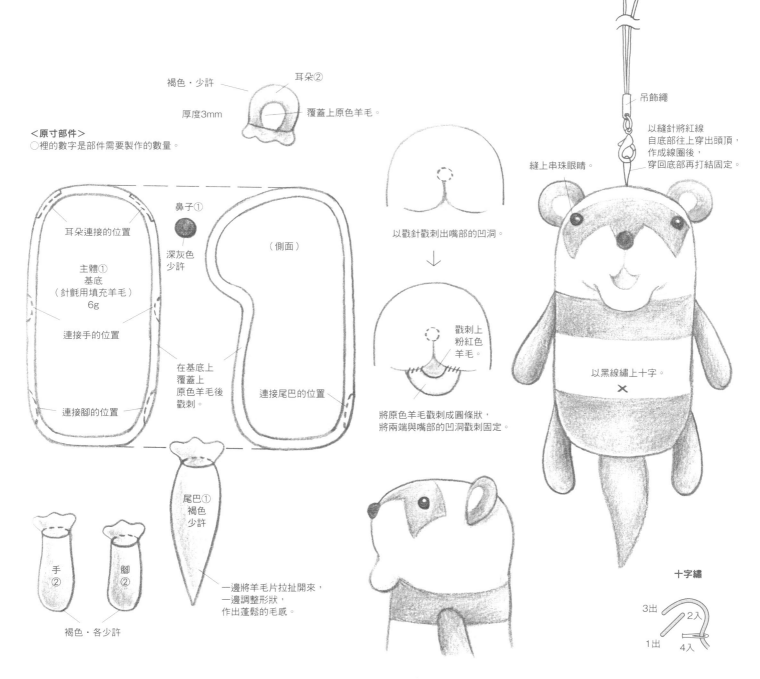

＜原寸部件＞
○裡的數字是部件需要製作的數量。

耳朵②
褐色・少許
厚度3mm
覆蓋上原色羊毛。

耳朵連接的位置
鼻子①
深灰色少許
主體①
基底
（針氈用填充羊毛）
6g
連接手的位置
（側面）
連接腳的位置
在基底上覆蓋上原色羊毛後戳刺。
連接尾巴的位置

以戳針戳刺出嘴部的凹洞。
↓
戳刺上粉紅色羊毛。
將原色羊毛戳刺成圓條狀，將兩端與嘴部的凹洞戳刺固定。

吊飾繩
以縫針將紅線自底部往上穿出頭頂，作成線圈後，穿回底部再打結固定。
縫上串珠眼睛。
以黑線繡上十字。

尾巴①
褐色
少許
一邊將羊毛片拉扯開來，一邊調整形狀，作出蓬鬆的毛感。

手②
腳②
褐色・各少許

十字繡
3出
2入
1出
4入

白熊母子

P.20

<原寸部件>
○裡的數字是部件需要製作的數量。

白熊…身長16.5【8.5】cm 　【　】標示的是小熊的指定
份量，無追加標示的項目為通用材料。

〔羊毛材料〕

■ HAMANAKA ■
　針氈用填充羊毛…31g【3g】
　Colored Wool・Shetland灰白色（712）
　　　　　…17g【6g】
・Natural Blend・藍綠色（825）…少許
　　　【薄荷綠（824）…少許】

〔其他〕
・HAMANAKA・直徑6mm・黑色塑膠眼睛
　　　　【直徑3mm・黑色串珠型眼睛】
　　　…2個
・25號繡線・黑色…少許

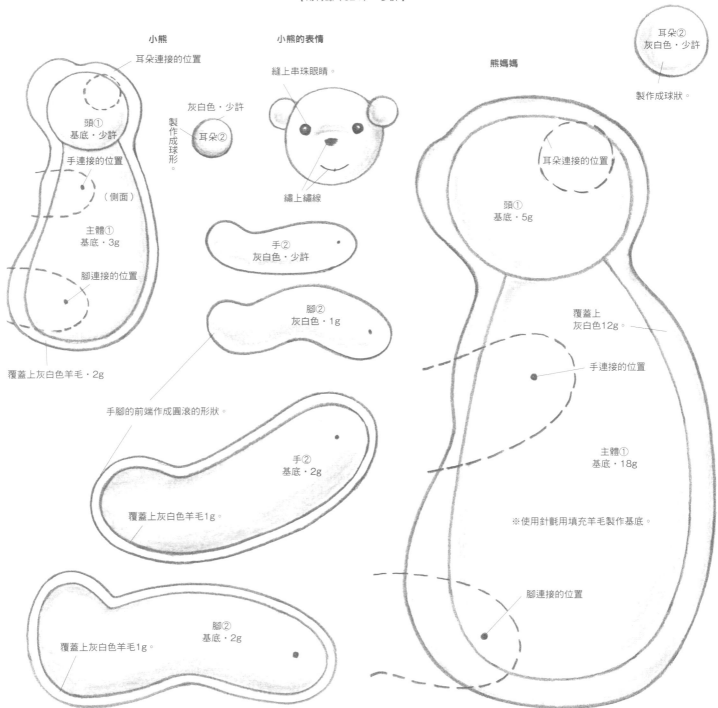

小熊

耳朵連接的位置

頭①
基底・少許

手連接的位置

（側面）

主體①
基底・3g

腳連接的位置

覆蓋上灰白色羊毛・2g

灰白色・少許
製作成球形。
耳朵②

手②
灰白色・少許

腳②
灰白色・1g

手腳的前端作成圓滾的形狀。

手②
基底・2g

覆蓋上灰白色羊毛1g。

腳②
基底・2g

覆蓋上灰白色羊毛1g。

小熊的表情

縫上串珠眼睛。

繡上繡線

熊媽媽

耳朵②
灰白色・少許

製作成球狀。

頭①
基底・5g

耳朵連接的位置

覆蓋上
灰白色12g。

手連接的位置

主體①
基底・18g

※使用針氈用填充羊毛製作基底。

腳連接的位置

◎作法

1. 請參照實物原寸圖示，作出相同大小的各個部件。
   a. 使用針氈用填充羊毛製作頭・主體・熊媽媽手腳的基底。
   b. 耳朵&小熊的手腳使用灰白色羊毛製作。
   c. 連結頭部與主體的基底，覆蓋上羊毛後戳整形狀。
   d. 熊媽媽的手腳覆蓋上羊毛。
2. 將耳朵連接到頭部，製作表情。
3. 將手部和腳部縫上固定。
4. 製作好披肩（熊媽媽）和圍巾（小熊），繫在脖子上。
5. 讓熊媽媽抱著小熊，將熊媽媽的手用線縫在小熊的身體上。

緞面繡

飛舞繡

熊媽媽的披肩

26cm

青綠色・2g・厚度3mm至4mm

9cm

16cm

小熊的圍巾

16cm

1cm

以少許薄荷綠羊毛，製成薄片狀。

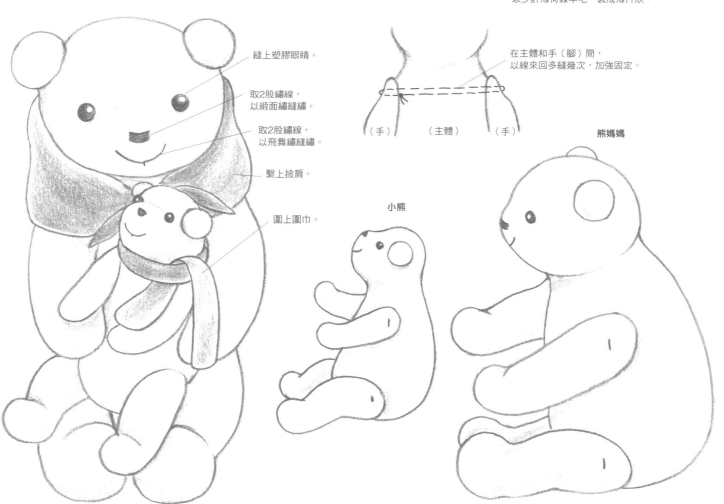

縫上塑膠眼睛。

取2股繡線，
以緞面繡縫繡。

取2股繡線，
以飛舞繡縫繡。

繫上披肩。

圍上圍巾。

在主體和手（腳）間，
以線來回多縫幾次，加強固定。

（手）　（主體）　（手）

熊媽媽

小熊

背著蘑菇の刺蝟

P.22

背著蘑菇の刺蝟…身長9cm

〔羊毛材料〕

■ HAMANAKA ■

Natural Blend・杏色（802）…8g

Colored Wool・Scoured Wool Black Merino
　　　　　　　　白黑褐mix（720）…3g

Solid羊毛條・深褐色（31）…少許

Mix羊毛條・深紅色（215）…少許

〔其他〕

・HAMANAKA・直徑3mm・黑色實心插入式眼睛…2個

◎作法

1. 請參照實物原寸圖示，作出相同大小的各個部件。

2. 將頭部連接到主體，戳整形狀。

3. 將耳朵連接到頭部，主體覆蓋上稍微蓬鬆的
Scoured Wool Black Merino戳刺上去。

4. 製作表情（眼睛・嘴巴・鼻子）。

5. 連接上前腳&後腳。

6. 將作好的蘑菇，戳刺連接於背上。

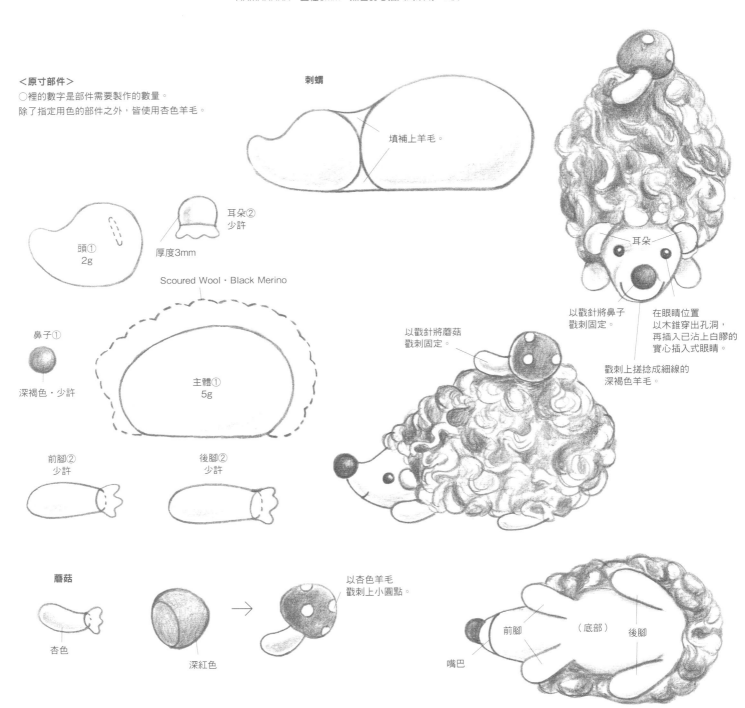

<原寸部件>

○裡的數字是部件需要製作的數量。

除了指定用色的部件之外，皆使用杏色羊毛。

刺蝟

填補上羊毛。

頭①
2g

耳朵②
少許

厚度3mm

Scoured Wool・Black Merino

鼻子①

深褐色・少許

主體①
5g

前腳②
少許

後腳②
少許

以戳針將鼻子
戳刺固定。

以戳針將蘑菇
戳刺固定。

耳朵

在眼睛位置
以木錐穿出孔洞，
再插入已沾上白膠的
實心插入式眼睛。

戳刺上搓捻成細線的
深褐色羊毛。

蘑菇

杏色

深紅色

以杏色羊毛
戳刺上小圓點。

嘴巴

前腳

（底部）

後腳

橡木果實與松鼠

P.23

橡木果實與松鼠⋯身長13.5cm

〔羊毛材料〕

■ HAMANAKA ■

針氈用填充羊毛⋯22g

Colored Wool・Blue Faced Leicester灰褐色（715）
⋯13g

Natural Blend・原色（801）、淡褐色（803）
⋯各少許

Solid羊毛條・深褐色（31）⋯少許

Mix羊毛條・紅褐色（206）⋯少許

〔其他〕

・HAMANAKA・直徑6mm・黑色塑膠眼睛⋯2個

◎作法

1. 以針氈用填充羊毛製作頭部・主體・大腿一體成型的基底。
2. 製作其他的部件（耳朵・手・腳・尾巴）。
3. 基底覆蓋上Blue Faced Leicester戳整形狀，再在腹部戳刺上原色羊毛。
4. 主體連接上手腳，頭部連接上耳朵。
5. 連接上尾巴。
6. 製作表情（眼睛・鼻子・嘴巴）。
7. 從頭部、背部到尾巴，依圖示區塊戳刺上深褐色羊毛。
8. 讓松鼠以手抱著製作完成的橡木果實。

在眼睛位置
以木錐穿出孔洞，
再縫上塑膠眼睛。

以深褐色羊毛
戳刺出
鼻子&嘴巴。

覆蓋上
原色羊毛。

覆蓋上Blue
Faced Leicester。

依圖示用深褐色
羊毛戳刺上去。

以戳針戳刺
連接在一起。

橡木果實

覆蓋上淡褐色
羊毛後戳刺上去。

紅褐色
少許

戳刺上搓捻成細線的
深褐色羊毛。

<原寸部件>

○裡的數字是部件需要製作的數量。
除了指定用色的部件之外，
皆使用Blue Faced Leicester。

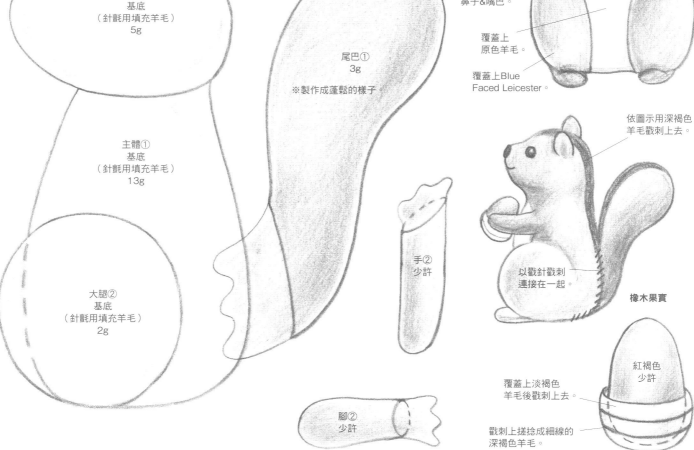

松鼠

頭①
基底
（針氈用填充羊毛）
5g

主體①
基底
（針氈用填充羊毛）
13g

大腿②
基底
（針氈用填充羊毛）
2g

耳朵②
少許

厚度5mm

尾巴①
3g

※製作成蓬鬆的樣子。

手②
少許

腳②
少許

企鵝郵局

P.24至P.25

海獅…身長12cm

〔羊毛材料〕

■ HAMANAKA ■

Natural Mix羊毛片・駝色（403）…25cm×50cm

Solid羊毛條・黑色（9）…少許

Natural Blend・深灰色（806）…少許

〔其他〕

・HAMANAKA・直徑4mm・黑色實心插入式眼睛…2個

・肯特紙…少許

◎作法

1. 請參照實物原寸圖示，作出相同大小的各個部件。
2. 將主體和頭部連接起來，覆蓋上撕碎的羊毛片，一邊戳刺一邊修整形狀。
3. 連接上前鰭足&後鰭足。
4. 將嘴部連接至頭部。
5. 連接上耳朵。
6. 製作表情（眼睛・鼻子・嘴巴）。
7. 將信紙沾上白膠，讓海獅以嘴啣住。

<原寸部件>

○裡的數字是部件需要製作的數量。
除了有指定用色的部件之 外，
皆使用駝色。

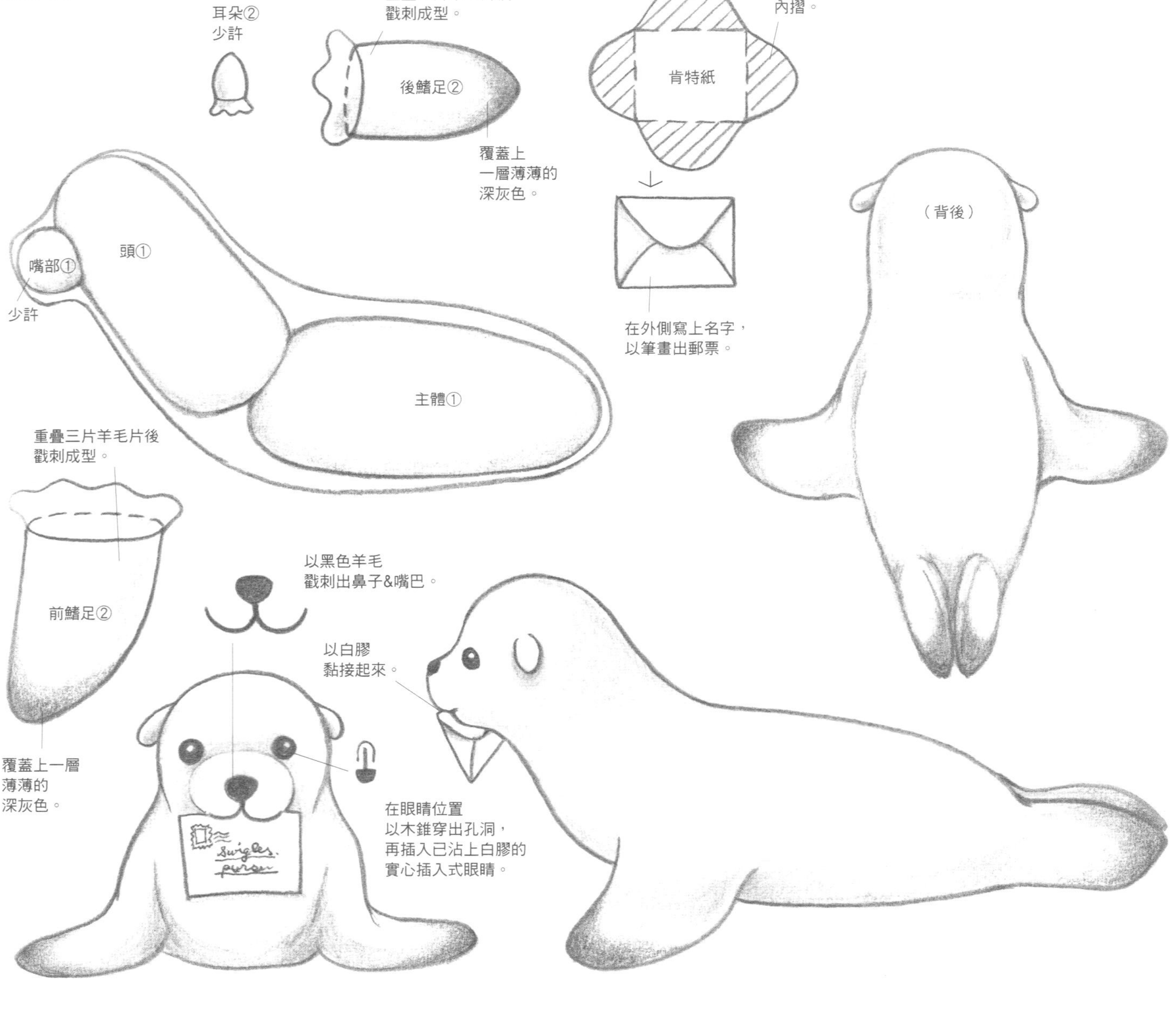

耳朵②
少許

重疊三片羊毛片後
戳刺成型。

後鰭足②

覆蓋上
一層薄薄的
深灰色。

信紙

內摺。

肯特紙

在外側寫上名字，
以筆畫出郵票。

嘴部①

頭①

少許

主體①

（背後）

重疊三片羊毛片後
戳刺成型。

前鰭足②

覆蓋上一層
薄薄的
深灰色。

以黑色羊毛
戳刺出鼻子&嘴巴。

以白膠
黏接起來。

在眼睛位置
以木錐穿出孔洞，
再插入已沾上白膠的
實心插入式眼睛。

62

企鵝…身長6cm（1隻的用量）
〔羊毛材料〕
■ HAMANAKA ■
Natural Mix羊毛片・原色（401）…25cm×15cm
Solid羊毛片・黑色（309）…少許
Natural Blend・淡褐色（803）、橙色（822）
…各少許
〔其他〕
・HAMANAKA・直徑3mm・黑色實心插入式眼睛…2個

◎作法…請參閱P.36

郵差包
〔羊毛材料〕
■ HAMANAKA ■
Solid羊毛片・深紅色（307）…少許
Natural Mix羊毛片・原色（401）…少許
〔其他〕
・寬3mm麂皮緞帶・杏色…8.5cm

郵筒
〔羊毛材料〕
■ HAMANAKA ■
Solid羊毛片・深紅色（307）…25cm×15cm
Solid羊毛片・黑色（309）…少許

<原寸部件>
○裡的數字是部件需要製作的數量。

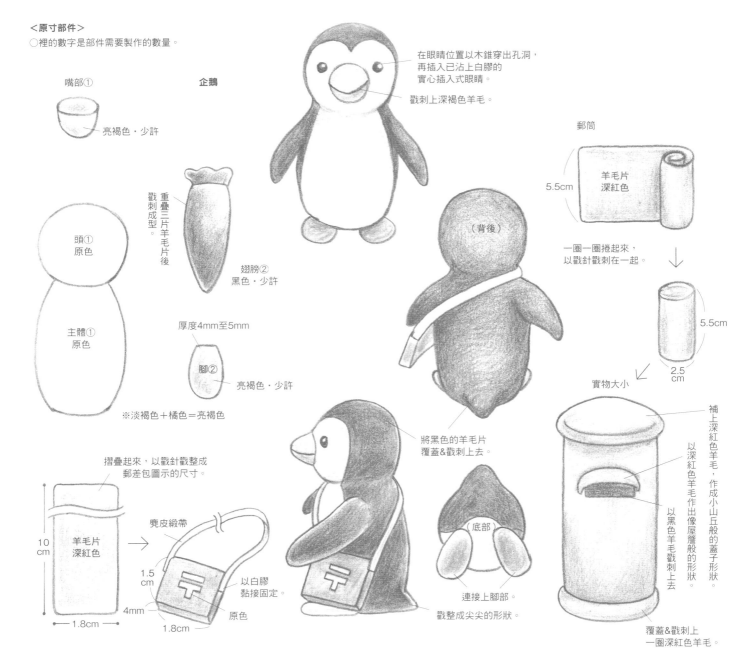

嘴部①
亮褐色・少許

企鵝

頭①
原色

主體①
原色

※淡褐色＋橘色＝亮褐色

重疊三片羊毛片後
戳刺成型。

翅膀②
黑色・少許

厚度4mm至5mm

腳②
亮褐色・少許

在眼睛位置以木錐穿出孔洞，
再插入已沾上白膠的
實心插入式眼睛。

戳刺上深褐色羊毛。

（背後）

將黑色的羊毛片
覆蓋&戳刺上去。

郵筒

羊毛片
深紅色

5.5cm

一圈一圈捲起來，
以戳針戳刺在一起。

5.5cm

2.5
cm

實物大小

補上深紅色羊毛，
作成小山丘般的蓋子形狀。

以深紅色羊毛作出像屋簷般的形狀。

以黑色羊毛戳刺上去

覆蓋&戳刺上
一圈深紅色羊毛。

摺疊起來，以戳針戳整成
郵差包圖示的尺寸。

羊毛片
深紅色

10
cm

1.8cm

麂皮緞帶

1.5
cm

4mm

1.8cm

以白膠
黏接固定。

原色

（底部）

連接上腳部。
戳整成尖尖的形狀。

心形幸運草小豬

P.26

小豬…身長13cm

〔羊毛材料〕

■ HAMANAKA ■
Natural Blend・粉橘色（814）…23g
Natural Blend・黃色（821）…少許
Mix羊毛條・原色（216）…少許
Solid羊毛條・粉紅色（36）、黃綠色（27）…各少許

〔其他〕
・HAMANAKA・直徑4.5mm・褐色水晶插入式眼睛…2個
・寬2.5cm的緞帶・綠色…40cm
・5號繡線・深褐色…少許

◎作法

1. 請參照實物原寸圖示，作出相同大小的各個部件。
2. 連接頭部與主體的基底，補上羊毛後戳整形狀。
3. 連接上耳朵。
4. 製作表情（眼睛・鼻子・鼻子前端・嘴巴）。
5. 連接上手腳。
6. 連接上尾巴。
7. 脖子繫上緞帶。
8. 讓小豬雙手抓住愛心。

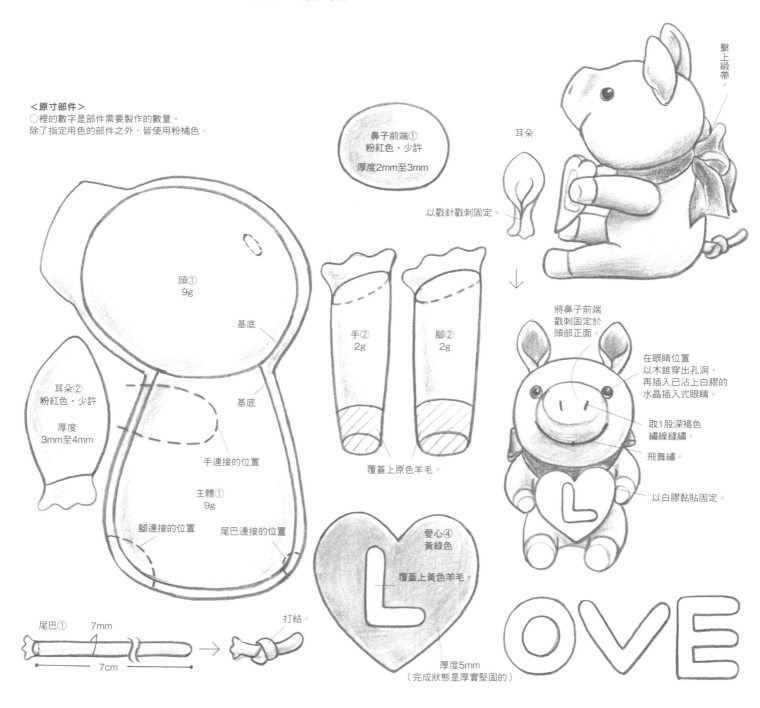

＜原寸部件＞
○裡的數字是部件需要製作的數量。
除了指定用色的部件之外，皆使用粉橘色。

鼻子前端①
粉紅色・少許
厚度2mm至3mm

以戳針戳刺固定。

耳朵

繫上緞帶。

頭①
9g

基底

基底

手連接的位置

耳朵②
粉紅色・少許

厚度
3mm至4mm

手②
2g

腳②
2g

覆蓋上原色羊毛。

腳連接的位置

尾巴連接的位置

主體①
9g

將鼻子前端戳刺固定於頭部正面。

在眼睛位置以木錐穿出孔洞，再插入已沾上白膠的水晶插入式眼睛。

取1股深褐色繡線縫繡。

飛舞繡。

以白膠黏貼固定。

尾巴①　7mm

打結。

7cm

愛心④
黃綠色

覆蓋上黃色羊毛。

厚度5mm
（完成狀態是厚實堅固的）

OVE

64

喜歡花の河馬

P.26

河馬…身長13cm

〔羊毛材料〕
■ HAMANAKA ■
　Natural Blend・灰色（805）…30g
　Natural Blend・粉橘色（814）…少許
　Solid羊毛條・白色（1）…少許

〔其他〕
・Natural Blend・直徑4.5mm・褐色水晶插入式眼睛…2個
・寬2.5cm的緞帶・粉紅色…40cm
・5號繡線・深褐色…少許

玫瑰

〔羊毛材料〕
■ HAMANAKA ■
　Mix羊毛條・粉紅色（202）…少許
　Solid羊毛條・淡綠色（33）…少許

◎作法

1. 請參照實物原寸圖示，作出相同大小的各個部件。
2. 連接嘴部・頭部・主體的基底，將嘴巴剪開，植入牙齒，補上羊毛，戳整形狀。
3. 連接上耳朵。
4. 製作表情（眼睛・鼻子・口內・牙齒）。
5. 連接上手腳。
6. 連接上尾巴。
7. 脖子繫上緞帶。
8. 讓河馬雙手捧著作好的花。

<原寸部件>
○裡的數字是部件需要製作的數量。
除了指定用色的部件之外，皆使用灰色。

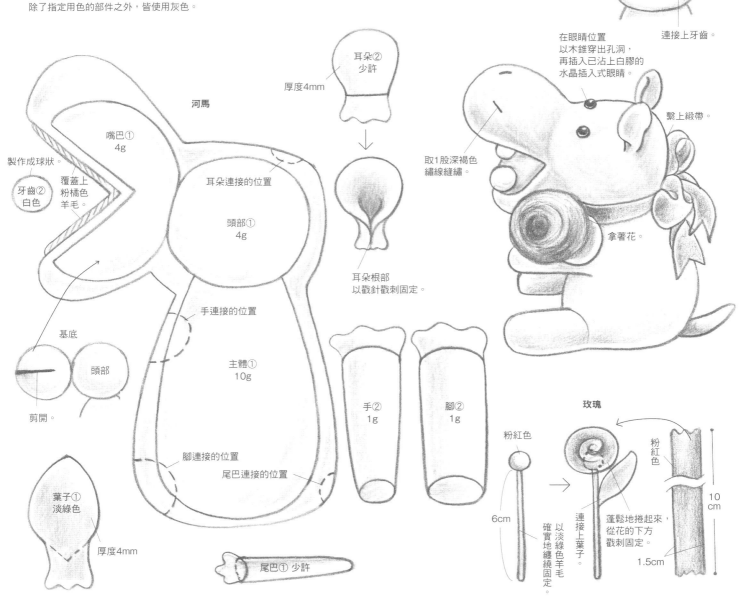

覆蓋上粉橘色羊毛。

連接上牙齒。

在眼睛位置以木錐穿出孔洞，再插入已沾上白膠的水晶插入式眼睛。

繫上緞帶。

取1股深褐色繡線縫繡。

拿著花。

河馬

嘴巴① 4g

耳朵連接的位置

頭部① 4g

手連接的位置

主體① 10g

腳連接的位置

尾巴連接的位置

製作成球狀。

牙齒② 白色

覆蓋上粉橘色羊毛。

基底

頭部

剪開。

葉子① 淡綠色

厚度4mm

尾巴① 少許

耳朵② 少許

厚度4mm

耳朵根部以戳針戳刺固定。

手② 1g

腳② 1g

玫瑰

粉紅色

6cm

以淡綠色羊毛確實地纏繞固定。

連接上葉子。

蓬鬆地捲起來，從花的下方戳刺固定。

粉紅色

10cm

1.5cm

小狗吊飾

P.29

吉娃娃…身長5cm

〔羊毛材料〕
■ HAMANAKA ■
Natural Blend・原色（801）…3g
Solid羊毛條・杏色（29）、淡粉紅色（22）
　　　　　黑色（9）…各少許
Mix羊毛條・藍色（217）…少許
〔其他〕
・HAMANAKA・直徑4mm・
　　　　黑色實心插入式眼睛…2個
・25號繡線・深褐色…少許

泰迪熊貴賓…身長5cm

〔羊毛材料〕
■ HAMANAKA ■
Natural Blend・褐色（804）…4g
Mix羊毛條・黃色（201）…少許
Solid羊毛條・黑色（9）…少許
〔其他〕
・HAMANAKA・直徑3mm・黑色實心插入式眼睛
　　　　…2個
・25號繡線・黑色…少許

拉不拉多獵犬…身長5cm

〔羊毛材料〕
■ HAMANAKA ■
Natural Blend・淡褐色（803）…4g
Mix羊毛條・栗子色（220）…少許
Solid羊毛條・褐色（30）、胭脂紅（24）…各少許
〔其他〕
・HAMANAKA・直徑3mm・黑色實心插入式眼睛
　　　　…2個
・25號繡線・黑色…少許

〔共同材料〕
・9字針・單圈・附問號勾的吊繩…各1個

◎作法

1. 請參照實物原寸圖示，作出相同大小的各個部件。
2. 頭部連接上嘴部後戳整形狀。
3. 製作表情。
4. 連接上耳朵。
5. 主體連接上頭部。
6. 連接上手腳。
7. 連接上尾巴。
8. 繫上三角巾或頸圈。
9. 將9字針穿刺入頭部，掛上吊繩。

＜原寸部件＞

○裡的數字是部件需要製作的數量。
除了指定用色的部件之外，皆使用褐色。

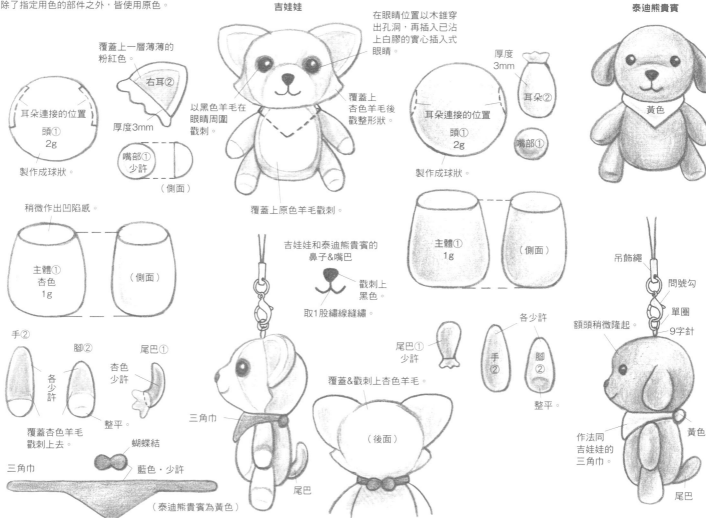

（吉娃娃 / 泰迪熊貴賓 原寸部件圖示）

羊毛氈髮圈——
小熊 & 兔子

P.28

〔共同材料〕
・HAMANAKA・直徑3mm・
　　　　　黑色實心插入式眼睛…2個
・25號繡線・深褐色…少許
・髮束用鬆緊繩・黑色…16cm
・腮紅…少許

小熊
〔羊毛材料〕
■ HAMANAKA ■
　Natural Blend・淡褐色（803）…少許
　Solid羊毛條・杏色（29）、褐色（30）…各少許
　Twinkle絲光羊毛・橙色（424）…少許

兔子
〔羊毛材料〕
■ HAMANAKA ■
　Twinkle絲光羊毛・白色（421）…2g
　Twinkle絲光羊毛・淡粉紅色（423）…少許
　Natural Blend・粉橘色（814）…少許

◎作法
1. 以絲光羊毛，製作直徑2cm的羊毛氈球。
2. 請參照實物原寸圖示，作出相同大小的各個部件。
3. 製作表情。
4. 連接上耳朵。
5. 以髮束用鬆緊繩製作成髮圈，將兔子（小熊）與羊毛氈球縫合上去。

<原寸部件>
〇裡的數字是部件需要製作的數量。
除了指定用色的部件之外，皆使用淡褐色。

拉不拉多獵犬

插入已沾上白膠的實心插入式眼睛。

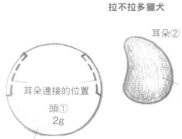

耳朵②

耳朵連接的位置
頭①
2g
製作成球狀。

栗子色
少許

鼻子①
褐色・少許

嘴部①
少許

主體①
1g

（側面）

嘴巴
取1股繡線縫繡。

手②
腳②
各少許
整平

尾巴①
少許

將羊毛捲上一圈，在背後連接固定。

尾巴

頸圈　胭脂紅・少許

<原寸部件>
〇裡的數字是部件需要製作的數量。

兔子

耳朵連接的位置
頭①
白色2g
製作成橢圓形。

耳朵②
白色各少許

覆蓋&氈刺上粉橘色羊毛。

小熊

耳朵②
厚度4mm
褐色少許

耳朵連接的位置
頭①
淡褐色2g
製作成球狀。

杏色・少許

厚度2mm　嘴部①

取1股繡線縫繡。

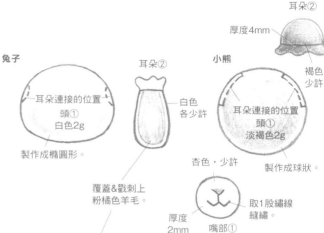

以綿花棒刷上腮紅。

在眼睛位置以木錐穿出孔洞，再插入已沾上白膠的水晶插入式眼睛。

以棉花棒刷上腮紅。

髮束用鬆緊繩

直徑2cm

以淡粉紅色羊毛作出一顆小圓球。

直徑2cm

牢固地縫合

以橙色羊毛作出一顆小圓球。

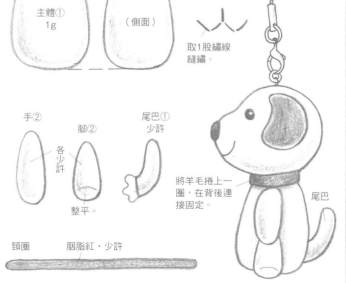

以髮束用鬆緊繩的兩端牢固地縫合，製作成髮圈。

16cm

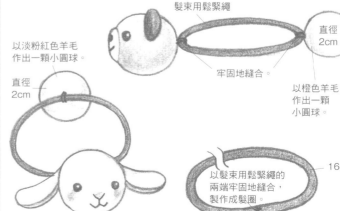

不同顏色の垂耳兔吊飾

P.28

白兔…身長4.8cm

〔羊毛材料〕

■ HAMANAKA ■
Natural Blend・原色（801）…3g
Natural Blend・粉橘色（814）…少許
Solid羊毛條・杏色（29）…少許

〔其他〕
・腮紅・少許

黑兔…身長4.8cm

〔羊毛材料〕

■ HAMANAKA ■
Mix羊毛條・黑色（209）…4g
Mix羊毛條・灰色（210）…少許
Natural Blend・原色（801）、粉橘色（814）
　　　　　　　　　　　　　…各少許

〔共同材料〕
・HAMANAKA・直徑3mm・黑色實心插入式眼睛…2個
・25號繡線・深褐色…少許
・9字針&附單圈吊飾繩…各1個

◎作法
1. 請參照實物原寸圖示，作出相同大小的各個部件。
2. 主體連接上頭部。
3. 將手腳連接上，在手的上半部覆蓋上羊毛後，戳刺修整。
4. 連接上耳朵。
5. 臉部連接上嘴部，作出眼睛。
6. 連接上尾巴。
7. 將9字針穿刺過頭部&串上吊繩。

<原寸部件>
○裡的數字是部件需要製作的數量。

除了有指定用色的部件以外，
白兔皆使用原色羊毛，
黑兔皆使用黑色羊毛。

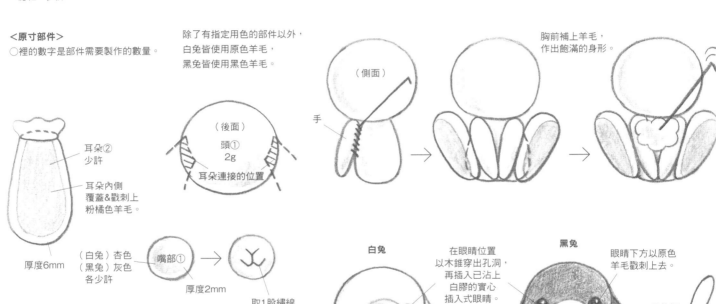

耳朵②
少許

耳朵內側
覆蓋&戳刺上
粉橘色羊毛。

厚度6mm

（後面）
頭①
2g
耳朵連接的位置

（白兔）杏色
（黑兔）灰色
各少許

嘴部①

厚度2mm

取1股繡線
縫繡。

手

胸前補上羊毛，
作出飽滿的身形。

主體①
1g

（側面）

白兔

在眼睛位置
以木錐穿出孔洞，
再插入已沾上
白膠的實心
插入式眼睛。

黑兔

眼睛下方以原色
羊毛戳刺上去。

吊飾繩

以綿花棒
刷上腮紅。

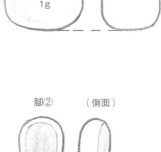

腳②　　（側面）

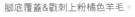

腳底覆蓋&戳刺上粉橘色羊毛。

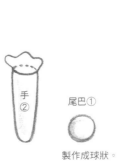

手
②

尾巴①

製作成球狀。

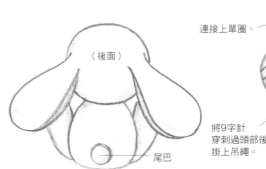

（後面）

尾巴

連接上單圈。

將9字針
穿刺過頭部後，
掛上吊繩。

圓滾滾の吊飾

P.21

小雞一家親

〔羊毛材料〕

■ HAMANAKA ■

Natural Blend・原色（801）…4g
Natural Blend・黃色（821）…3g
Natural Blend・粉橘色（814）…2g
Natural Blend・薄荷綠（824）…少許
Solid羊毛條・黃色（35）、紅紫色（6）
…各少許

綿羊一家親

〔羊毛材料〕

■ HAMANAKA ■

Natural Blend・原色（801）…10g
Natural Blend・淡土黃（812）…2g
Natural Blend・橄欖綠（813）…2g
Colored Wool・Scoured Wool Merino
蛋殼白（719）…3g
Colored Wool・Blue Faced Leicester
灰褐色（715）…3g

〔共同材料〕

・HAMANAKA・直徑3mm・黑色串珠型眼睛…2個
・附金屬扣環吊飾繩&20cm吊飾繩…各1份
・25號繡線・褐色…少許

◎作法

<小雞>

1. 分別製作各個尺寸的羊毛氈球。
2. 製作細部表情（眼睛・嘴巴・小雞爸爸的雞冠）
3. 將雙腳戳刺連接上去。

<綿羊>

1. 分別製作各個尺寸的羊毛氈球。
2. 臉的部分戳刺上羊毛。綿羊爸爸連接上角，綿羊寶寶連接上耳朵。
3. 製作眼睛・鼻子・嘴巴。

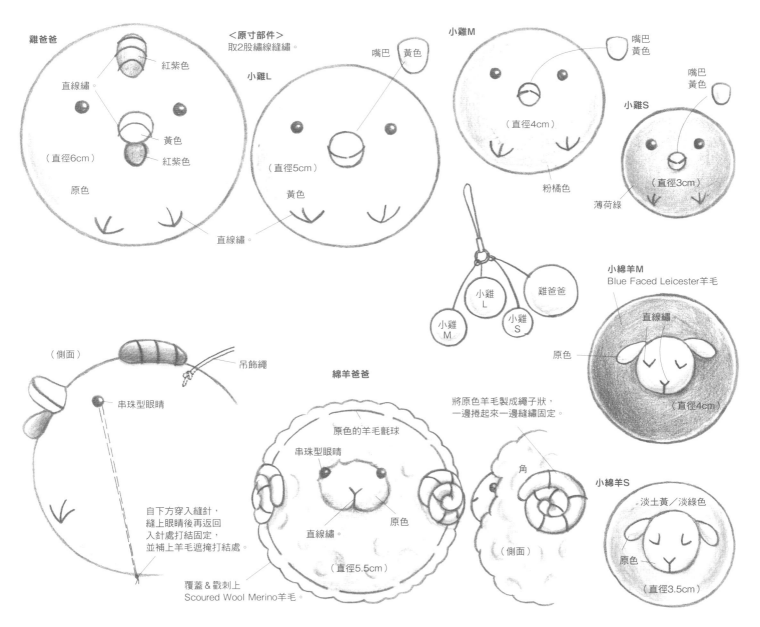

兔子媽媽

P.8

兔子媽媽…身長15.5cm

〔羊毛材料〕

■ HAMANAKA ■
Colored Wool・Organic Wool原色（711）…15g
Colored Wool・Fine Manx褐色（717）…少許
Solid羊毛片・粉紅色（304）、奶油色（301）
…各少許

〔其他〕
・HANAKAMA・形狀保持線材<L> 40cm
・HAMANAKA・直徑4mm・黑色實心插入式眼睛…2個
・寬10mm的蕾絲・原色…少許
・5號繡線 & 25號繡線・深褐色…各少許

◎作法

1. 以形狀保持線材為骨架，製作主體和手腳的支架。
2. 分別製作各個部件。
3. 將頭部跟主體連接在一起。
4. 連接上嘴部・鼻子・嘴巴・眼睛・耳朵。
5. 讓兔子媽媽穿上圍裙，拿著鍋鏟。

<原寸部件>
○裡的數字是部件需要製作的數量。
　除了指定用色的部件之外，
　皆使用Organic Wool羊毛。

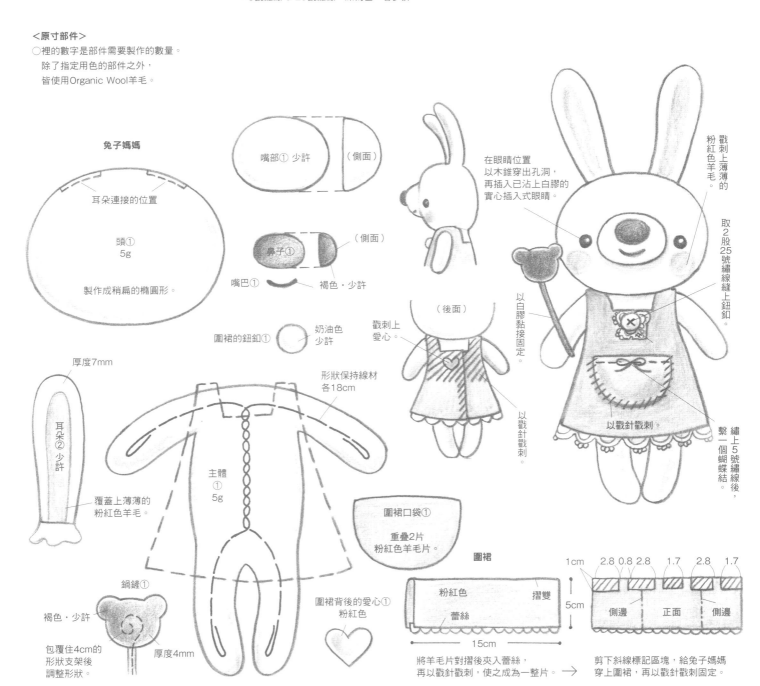

兔子媽媽

耳朵連接的位置

頭①
5g

製作成稍扁的橢圓形。

嘴部① 少許　　（側面）

鼻子　（側面）

嘴巴①　褐色・少許

圍裙的鈕釦①　奶油色少許

厚度7mm

耳朵②少許

覆蓋上薄薄的粉紅色羊毛。

主體①
5g

形狀保持線材各18cm

圍裙口袋①

重疊2片粉紅色羊毛片。

鍋鏟①

褐色・少許

包覆住4cm的形狀支架後調整形狀。

厚度4mm

圍裙背後的愛心①
粉紅色

在眼睛位置以木錐穿出孔洞，再插入已沾上白膠的實心插入式眼睛。

（後面）

戳刺上愛心。

以戳針戳刺。

以白膠黏接固定。

戳刺上薄薄的粉紅色羊毛。

取2股25號繡線縫上鈕釦

以戳針戳刺。

繡上5號繡線後，繫一個蝴蝶結。

圍裙

粉紅色　　摺雙

蕾絲

15cm

將羊毛片對摺後夾入蕾絲，再以戳針戳刺，使之成為一整片。　→

5cm

1cm　2.8　0.8　2.8　　1.7　　2.8　　1.7

側邊　　正面　　側邊

剪下斜線標記區塊，給兔子媽媽穿上圍裙，再以戳針戳刺固定。

平底鍋…長6cm
〔羊毛材料〕
■ HAMANAKA ■
Colored Wool・Fine Manx褐色（717）…少許
Mix羊毛條・紅褐色（206）…少許
Solid羊毛片・粉紅色（304）、杏色（302）
…各少許
〔其他〕
・HANAKAMA・形狀保持線材<L> 9cm

鬆餅…直徑2cm
〔羊毛材料〕
■ HAMANAKA ■
Solid羊毛片・杏色（302）…少許
Mix羊毛條・紅褐色（206）…少許

迷你蛋糕
〔羊毛材料〕
■ HAMANAKA ■
Solid羊毛片・奶油色（301）、深紅色（307）
橄欖綠（313）…各少許
Natural Mix羊毛片・原色（401）…少許

熊…身長15.5cm
〔羊毛材料〕
■ HAMANAKA ■
Natural Mix羊毛片・駝色（403）、褐色（404）
…各少許

森林果實提籃…直徑4.5cm
〔羊毛材料〕
■ HAMANAKA ■
Natural Mix羊毛片・駝色（403）、原色（401）
…各少許

Solid羊毛片・深紅色（307）、橄欖綠（313）
奶油色（301）、粉紅色（304）
…各少許
Solid羊毛條・藍色（4）…少許
〔其他〕
・HAMAKANA・形狀保持線材<L> 11cm
・褐色細繩 & 25號繡線・深褐色…各少許

餅乾提籃…長度4cm
〔羊毛材料〕
■ HAMANAKA ■
Natural Blend herb color・淡土黃（812）…2g
Natural Mix羊毛片・駝色（403）…少許
Solid羊毛片・粉紅色（304）…少許
※ 將HAMANAKA羊毛條扭擰在一起，
製作羊毛氈粗繩會更容易。

＜原寸部件＞

以繩子繫上蝴蝶結。
插入形狀保持線材。
彎曲。

水果提籃
以駝色羊毛製作。
製作成內側
呈現凹陷的橢圓形。

草莓
橄欖綠
深紅色
以戳針戳出
小凹洞

木莓
粉紅色
製作成大小一致的小圓球。

小雞
原色／奶油色
戳刺上細棒。
取2股繡線，
以結粒繡繡上眼睛。
將2片羊毛片重疊在一起，戳整形狀。

藍莓
藍色

平底鍋
褐色
纏捲上薄薄的粉紅色羊毛
以戳針戳刺，使之呈現凹陷狀。
形狀保持線材
將鍋柄以羊毛纏捲好後，插入平底鍋部件中，戳刺連結在一起。
製作好鬆餅後，放進平底鍋裡。
杏色
紅褐色

將駝色羊毛戳製成型後，以褐色羊毛戳刺出眼睛和鼻子。

熊

鬆餅
杏色
覆蓋上薄薄的紅褐色羊毛。
製作好3個後，以戳針戳刺連接在一起。

餅乾提籃
以淡土黃色羊毛作成長條狀後，再製作成粗繩。一圈一圈捲起來作成底部，再邊往上疊，邊調整形狀，作出籃身高度。
3cm
4cm

餅乾
將2片駝色羊毛片重疊在一起，戳整形狀。
以戳針戳出小凹洞。

深紅色
橄欖綠
原色
海綿蛋糕奶油色

迷你蛋糕
深紅色
原色
深紅色
奶油色
橄欖綠

愛心
將2片粉紅色羊毛片重疊在一起，戳整形狀。

連接上把手。

肚子餓の小狗
實習兔

P.30

肚子餓の小狗…身長3cm
〔羊毛材料〕
■ HAMANAKA ■
  Natural Mix羊毛片・杏色（402）、駝色（403）
                    …各少許
  Solid羊毛片・深褐色（310）、粉紅色（304）
                    …各少許
  Natural Blend・薄荷綠（824）…少許
〔其他〕
・極小串珠・黑色…2個

馬卡龍…直徑1.3cm
〔羊毛材料〕
■ HAMANAKA ■
  Solid羊毛片・粉紅色（304）…少許
  Natural Mix羊毛片・原色（401）…少許

冰淇淋…高度2cm
〔羊毛材料〕
■ HAMANAKA ■
  Solid羊毛片・杏色（302）、水藍色（303）
                    …各少許
  Natural Mix羊毛片・褐色（404）…少許

實習兔…身長4cm
〔羊毛材料〕
■ HAMANAKA ■
  Solid羊毛片・粉紅色（304）…少許
  Natural Mix羊毛片・駝色（403）…少許
〔其他〕
・HAMANAKA・直徑3mm・黑色實心插入式眼睛
                    …2個
・25號繡線・深褐色…少許

糖果…長度2.7cm
〔羊毛材料〕
■ HAMANAKA ■
  Natural Blend・黃色（821）…少許
〔其他〕
・HAMANAKA・形狀保持線材<L> 2cm

甜甜圈…直徑1.5cm
〔羊毛材料〕
■ HAMANAKA ■
  Natural Mix羊毛片・褐色（404）…少許
  Solid羊毛片・粉紅色（304）…少許

鋪墊…5cm×3.5cm
〔羊毛材料〕
■ HAMANAKA ■
  Mix羊毛條・粉紅色（202）、原色（216）
                    …各少許
  Natural Mix羊毛片・駝色（404）…少許

<原寸部件>

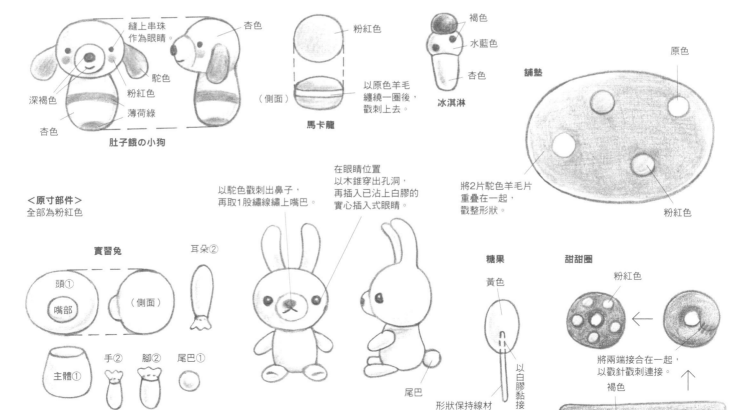

縫上串珠作為眼睛。

杏色

深褐色
駝色
粉紅色
薄荷綠
杏色

肚子餓の小狗

粉紅色

（側面）

以原色羊毛纏繞一圈後，戳刺上去。

馬卡龍

褐色
水藍色
杏色

冰淇淋

鋪墊

原色

將2片駝色羊毛片重疊在一起，戳整形狀。

粉紅色

<原寸部件>
全部為粉紅色

實習兔

頭①
嘴部
耳朵②
（側面）
主體①
手②
腳②
尾巴①

以駝色戳刺出鼻子，再取1股繡線繡上嘴巴。

在眼睛位置以木錐穿出孔洞，再插入已沾上白膠的實心插入式眼睛。

尾巴

糖果
黃色
以白膠黏接固定。
形狀保持線材

甜甜圈
粉紅色
將兩端接合在一起，以戳針戳刺連接。
褐色

72

熊寶寶系列
哈利の點心系列

P.30至P.31

小鳥…高度2cm
〔羊毛材料〕
■ HAMANAKA ■
　Solid羊毛片・水藍色（303）…少許
　Natural Mix羊毛片・駝色（403）…少許

熊寶寶…身長3.7cm
〔羊毛材料〕
■ HAMANAKA ■
　Natural Mix羊毛片・褐色（404）、駝色
　（403）原色（401）…各少許
　Solid羊毛片・奶油色（301）、粉紅色
　（304）深褐色（310）…各少許
〔其他〕
・HAMANAKA・直徑3mm・黑色實心插入式眼
　　睛 …2個

球 & 骰子…直徑1.5cm & 邊長0.8cm
〔羊毛材料〕
■ HAMANAKA ■
　Solid羊毛片・粉紅色（304）、奶油色（301）
　　　　水藍色（303）…各少許
　Natural Mix羊毛片・原色（401）、褐色（404）
　　　…各少許

哈利…身長2.3cm
〔羊毛材料〕
■ HAMANAKA ■
　Natural Mix羊毛片・杏色（402）、褐色（404）
　　　…各少許
　Solid羊毛片・深褐色（310）…少許

籃子…高度3cm
〔羊毛材料〕
■ HAMANAKA ■
　Natural Mix羊毛片・駝色（403）…少許

糖果…長度3cm
〔羊毛材料〕
■ HAMANAKA ■
　Natural Blend・薄荷綠（824）…少許
〔其他〕
・HAMAKANA・形狀保持線材<L> 2.7cm

甜甜圈 & 餅乾…直徑1.5cm
〔羊毛材料〕
■ HAMANAKA ■
　Natural Blend・粉橘色（814）、黃色（821）
　　　…各少許
　Solid羊毛片・土黃色（312）…少許

被窩…4cm×3.5cm
〔羊毛材料〕
■ HAMANAKA ■
　Solid羊毛片・奶油色（301）、粉紅色（304）
　　　…各少許

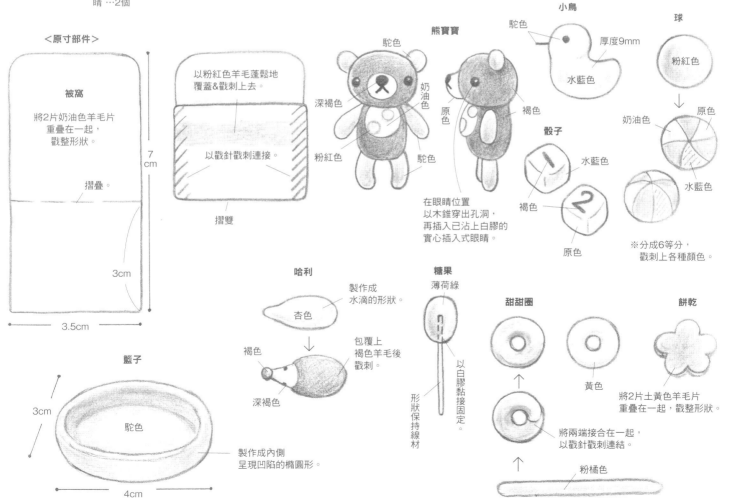

<原寸部件>

被窩
將2片奶油色羊毛片
重疊在一起，
戳整形狀。

7cm
摺疊。
3cm
3.5cm

以粉紅色羊毛蓬鬆地
覆蓋&戳刺上去。
以戳針戳刺連接。
摺雙

籃子
3cm
駝色
4cm
製作成內側
呈現凹陷的橢圓形。

熊寶寶
駝色
深褐色
粉紅色
奶油色
原色
褐色
駝色

小鳥
駝色
厚度9mm
水藍色

球
粉紅色
↓
奶油色
原色
水藍色

骰子
水藍色
褐色
原色

在眼睛位置
以木錐穿出孔洞，
再插入已沾上白膠的
實心插入式眼睛。

※分成6等分，
戳刺上各種顏色。

哈利
製作成
水滴的形狀。
杏色
↓
褐色
包覆上
褐色羊毛後
戳刺。
深褐色

糖果
薄荷綠
以白膠黏接固定。
形狀保持線材

甜甜圈
餅乾
黃色
將2片土黃色羊毛片
重疊在一起，戳整形狀。
將兩端接合在一起，
以戳針戳刺連結。
粉橘色

small animals

超可愛呦 ♥

手作43隻森林裡的
羊毛氈動物

作　　　者／日本ヴォーグ社
譯　　　者／Alicia Tung
發　行　人／詹慶和
總　編　輯／蔡麗玲
執　行　編　輯／陳姿伶
編　　　輯／林昱彤・蔡毓玲・劉蕙寧・詹凱雲・黃璟安
封　面　設　計／李盈儀
美　術　編　輯／陳麗娜・周盈汝
內　頁　排　版／造極
出　　　版　者／ Elegant-Boutique 新手作
發　　　行　者／悅智文化事業有限公司
郵政劃撥帳號／ 19452608
戶　　　名／悅智文化事業有限公司
地　　　址／ 220 新北市板橋區板新路 206 號 3 樓
電　　　話／ (02)8952-4078
傳　　　真／ (02)8952-4084
網　　　址／ www.elegantbooks.com.tw
電　子　信　箱／ elegant.books@msa.hinet.net

2013 年 10 月初版一刷　定價 280 元

YOUMO FELT DE TSUKURU KAWAII NAKAMATACHI
Copyright © NIHON VOGUE SHA 2009
All rights reserved.
Photographers：Toshikatsu Watanabe
Illustration: Hiroko Kounosu
Original Japanese edition published in Japan by Nihon Vogue Co., Ltd.
Traditional Chinese translation rights arranged with Nihon Vogue Co., Ltd.
through Keio Cultural Enterprise Co., Ltd.
Traditional Chinese edition copyright © 2013 by Elegant Books Cultural
Enterprise Co., Ltd.

staff　攝影／渡辺淑克
　　　　版面樣式／前田かおり
　　　　編排設計／阿部由紀子
　　　　作法解説・插圖／鴻巣博子
　　　　編輯合作／金香
　　　　編輯／エヌ・ヴィ企畫、青木久美子

國家圖書館出版品預行編目 (CIP) 資料

超可愛呦！手作 43 隻森林裡的羊毛氈動物 / 日
本ヴォーグ社著；Alicia Tung 譯 . -- 初版 . --
新北市：新手作出版：悅智文化發行，2013.10
　面；　公分 . -- (玩 . 毛氈；4)
ISBN 978-986-5905-35-4(平裝)

1. 手工藝

426.7　　　　　　　　　　　102016164

經銷／高見文化行銷股份有限公司
地址／新北市樹林區佳園路二段 70-1 號
電話／ 0800-055-365　　傳真／ (02)2668-6220
星馬地區總代理：諾文文化事業私人有限公司
新加坡／
Novum Organum Publishing House (Pte) Ltd.
20 Old Toh Tuck Road, Singapore 597655.
TEL：65-6462-6141　　FAX：65-6469-4043
馬來西亞／
Novum Organum Publishing House (M) Sdn. Bhd.
No. 8, Jalan 7/118B, Desa Tun Razak,
56000 Kuala Lumpur, Malaysia
TEL：603-9179-6333　　FAX：603-9179-6060

----

small animals

small animals

small animals

small animals